AWS
クラウドネイティブ
デザインパターン

林政利、根本裕規、吉澤稔 [著]

技術評論社

●本書をお読みになる前に

・本書に記載された内容は情報の提供のみを目的としています。したがって、本書を参考にした運用は必ずお客様ご自身の責任と判断のもとで行ってください。運用の結果について、技術評論社および著者はいかなる責任も負いかねますので、あらかじめご了承ください。

・本書記載の情報は2024年7月現在のものです。Webサイトの更新やソフトウェアのバージョンアップにより、本書での説明とは機能内容や画面図などが異なってしまう場合もございますので、ご注意ください。

　以上の注意事項をご承諾いただいたうえで本書をご利用願います。これらの注意事項をお読みいただかずにお問い合わせいただいても技術評論社および著者は対処いたしかねますので、あらかじめご承知おきください。

●商標、登録商標について

　本文中に記載されている製品の名称は、一般に関係各社の商標または登録商標です。本文中では、™、®などのマークは省略しています。

はじめに

「クラウドネイティブ」という言葉については、きっと耳にされたことがあるでしょう。本書の目的は、アプリケーションを構築する際のさまざまなアーキテクチャパターンや技術的な概念を紹介し、みなさんのアプリケーション開発、運用においてもクラウドネイティブを実現してもらうことです。

●「クラウドネイティブ」とはなにか

しかしそもそも、「クラウドネイティブ」とはいったいどういう概念なのでしょうか。
さまざまな答え方がありえますが、たとえばAWSの回答は以下のとおりです[注1]。

クラウドネイティブは、クラウドコンピューティング環境で最新のアプリケーションを構築、デプロイ、および管理するソフトウェアアプローチです。現代の企業は、顧客の要求に応じて迅速に更新できる、高度にスケーラブルで、柔軟性があり、回復力のあるアプリケーションを構築したいと考えています。そのために、クラウドインフラストラクチャでのアプリケーション開発を本質的にサポートする最新のツールや手法を使用しています。これらのクラウドネイティブテクノロジーは、サービス提供に影響を及ぼすことなく、アプリケーションの迅速かつ頻繁な変更をサポートし、革新的かつ競争力のある優位性を採用企業にもたらします。

この定義に基くなら、アプリケーションを安定運用しつつも、市場の要求に合わせて頻繁に変更できるようにすることがゴールです。そしてそのためにクラウドを最大限活用するアプローチが「クラウドネイティブ」となります。なお、AWSはそのようなアプローチにおけるベストプラクティスとして、Well Architected Frameworkを公開しています。そこでは6つの柱、すなわち「優れた運用効率」「セキュリティ」「信頼性」「パフォーマンス効率」「コストの最適化」「持続可能性」に基づきアーキテクチャを評価することを推奨しています。

また、クラウドネイティブという文脈では、Cloud Native Computing Foundation (CNCF) の存在も忘れてはいけません。CNCFは、クラウドネイティブ技術を推進することをミッションに掲げたベンダニュートラルな組織であるLinux Foundationの一プロジェクトです。クラウドネイティブというアプローチを取り巻く技術、環境を世の中に広め、持続可能にしていくために、KubernetesやPrometheusなど、多くのオープンソースプロジェクトをホスト、サポートしています。このCNCFの定義では、クラウドネイティブとは以下のようなものであるとされています[注2]。

クラウドネイティブ技術は、パブリッククラウド、プライベートクラウド、ハイブリッドク

注1　https://aws.amazon.com/jp/what-is/cloud-native/
注2　https://github.com/cncf/toc/blob/main/DEFINITION.md

iii

ラウドなどの近代的でダイナミックな環境において、スケーラブルなアプリケーションを構築および実行するための能力を組織にもたらします。このアプローチの代表例に、コンテナ、サービスメッシュ、マイクロサービス、イミュータブルインフラストラクチャ、および宣言型API があります。これらの手法により、**回復性**、**管理力**、および**可観測性**のある疎結合システムが実現します。これらを堅牢な自動化と組み合わせることで、エンジニアはインパクトのある変更を最小限の労力で頻繁かつ予測どおりに行うことができます。

これらの定義をもとに、本書では「クラウドネイティブ」を以下のように位置付けることにします。

　クラウドネイティブとは、アプリケーションのアーキテクチャや運用を、クラウドを前提に最適化することです。クラウドネイティブなアプリケーションは、クラウドの機能を活用して**運用を効率化**し、高度な**回復力**と**可観測性**を実現できます。そのため障害やメンテナンス、アクセス急増など日々の運用で工数をかける必要がなく、さまざまな変更を、頻繁に、自信をもって行うことができます。

「変更を頻繁に、自信をもって行うことができる」という点は、組織によって解釈が変わるところです。どの程度頻繁であればいいのか、自信をもって変更するには何を確認すればいいのかといった点は、ビジネスモデルに依存するところが大きいかもしれません。

　しかし、組織のIT生産性を継続的に調査しているDevOps Research and Assessment (DORA)注3 によれば、調査対象のうちパフォーマンスの高い18%の組織は変更を1日に何度も実施しており、その変更が失敗してロールバックなどが発生した割合は5%にとどまっています。また、その失敗を復旧するためにかかった時間も1時間以内となっていました。一方、パフォーマンスの低い17%の組織では、変更の回数は1週間から1ヵ月に1回です。さらに、その変更が失敗する割合は64%に上ります。変更しても、その半分以上が何らかの障害につながっているということです。そして、その失敗の復旧に要する時間は1ヵ月から6ヵ月となっています。

　これは、変更の頻度とアプリケーションの品質は相反するものではなく、むしろ正の相関にあることを示しています。

　そして、このパフォーマンスの差を生み出すキーとなっている要素が、クラウドの活用による柔軟なインフラストラクチャであるとされています。その一方で、単にクラウドを利用するだけでは効果が限定的、むしろマイナスの影響があるという結果が出ており、アーキテクチャや運用をクラウドに最適化することが必要であるとも分析されています。

　では、「クラウドを前提に最適化する」とは、具体的にはどのようなことを指すのでしょうか。本書はそ

注3　https://dora.dev/

の疑問に答えるため、クラウドネイティブを実現するためのプラクティスと設計パターンを、運用の効率化、回復力、可観測性、3つの観点から紹介していきます。みなさんの状況に合わせて本書の内容を適用することで、クラウドネイティブなシステムに向けての一歩を踏み出すことができるでしょう。

疎結合であるということ

クラウドネイティブというアプローチはしばしば、コンテナやKubernetes、サーバーレスといった技術とセットで言及されます。たしかにこれらの技術はクラウドネイティブなアプローチにおいてたいへん有用ですが、コアとなるものではありません。

クラウドネイティブという文脈で重要な概念は、アプリケーションの「疎結合」な性質です。疎結合なアプリケーションは、柔軟なインフラストラクチャやマネージド型サービスといったクラウドの機能を活用しやすいためです。本書の立場から見た「疎結合なアーキテクチャ」とは、コントロール可能な部品を明確に定義されたインターフェースで組み合わせるアーキテクチャです。

たとえば図0.1で示すシステムでは、サービスやモジュールなどの各コンポーネントが制御可能な範囲にとどまっており、かつ、あるコンポーネントは別のコンポーネントの詳細を知る必要がありません。API、イベントなどの明確に仕様として定義されたインターフェースだけ知っていれば、コンポーネント間を繋いでシステムを構築できます。

図0.1：疎結合なシステム

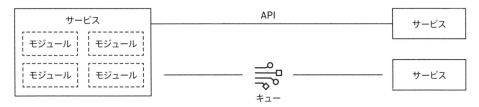

これが「疎結合」であり、クラウドネイティブを実現するもっとも重要な概念の1つです。

そして、コントロール可能な部品を作るのに役に立つ技術がコンテナやサーバーレスなのです。依存関係をコンテナに閉じ込めたり、コードだけにフォーカスしサーバーのコントロールを不要にしたりできるからです（図0.2）。

図0.2：コンテナを使った疎結合なシステム

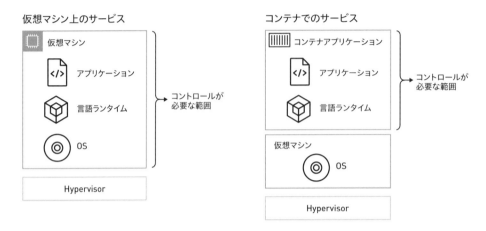

しかし「コントロール可能」とはどういうことでしょうか。

「コントロール可能」とは、自分の望む動作をさせたり望む結果を得られたりするように、事前準備や把握をして管理（統制）できているということです。1000万行のコードからなるモノリスなアプリケーションがあったとき、コードが泥団子ではコントロールするのが困難でも、コードがモジュールに整理されテストが充実していればコントロールできるでしょう。

あるいは、コンテナやサーバーレスといった技術を利用せず、仮想マシンを起動してFTPでアプリケーションをデプロイしていたとしましょう。一般的にはレガシーとされる構成ですが、密結合なシステムとは限りません。アプリケーションがモジュールで整理されたモノリスなコードとなっていて、変更による機能や負荷などへの影響を完全にコントロールできているなら、疎結合であるといえます。

逆に、コンテナやサーバーレスを活用し、アプリケーションをいくつものマイクロサービス、コンポーネントに分割しているとしても、それだけで疎結合なアーキテクチャになっているとは限りません。仮想マシンやレガシーなデプロイのしくみを管理する必要がなくなり、運用を効率化させやすいことはたしかです。しかし、あるマイクロサービスを変更した際にその影響が他の多くのマイクロサービスに波及してしまったり、1つの変更のためにすべてのコンポーネントを同時にデプロイする必要があったりするケースは珍しくありません。そうしたアーキテクチャは疎結合とはいえませんし、クラウドの機能を活用して高い生産性を実現することも難しいでしょう。

そうした観点から、本書で紹介している技術、手法は、コンテナやサーバーレスを活用することでより適用しやすいものではありますが、仮想マシンで運用されているアプリケーションに対しても応用できるものと言えます。

はじめに

● 本書の構成

先述したとおり、本書はクラウドネイティブなアプリケーションを開発、運用するために押さえておくべき考え方や技術、手法を「運用の効率化」「回復力」「可観測性」に大別して解説した一冊です。

第1部では、運用効率化の観点からクラウドへの最適化を考察します。クラウドを活用するうえで欠かせない「責任共有モデル」によりコントロールを必要とする範囲を少なくする、テスト容易性を高めてアプリケーションを変更しやすくする、小規模な修正を頻繁に行うことでビッグバン的な変更を避ける、疎結合なアプリケーションを前提にセキュリティを設計段階から作り込む手法、DevOpsとプラットフォームエンジニアリングによるクラウドネイティブなチーム構成とアプリケーションの運用モデルを紹介します。

第2部は回復力に焦点を当てます。第6章「スケーラブルなアーキテクチャを実装する」では、疎結合なアプリケーションにおいてどのようにスケーラビリティをコントロールするかを紹介します。あるコンポーネントの負荷が高くなった際、別のコンポーネントにその負荷が影響するようでは疎結合であるとはいえません。非同期アーキテクチャによりスケール性能についても疎結合にしていくパターンを紹介します。また、コンポーネントがコントロール可能ということは、そのコンポーネントで発生する障害についてもコントロール可能であるということです。そこで、第7章「障害からの自動的な復旧を実現する」では実際に障害からの自動的な復旧を実装する方法や、アプリケーションのデリバリーを安全に行う手法などを紹介し、「回復力をテストする」ではアプリケーションが実際に適切な回復力を持っているのか確認するための方法や考え方を紹介しています。

そして第3部では、それぞれのコンポーネントで何が起こっているのか、コンポーネント間の通信が正常に行われているのかを観測するための手法を学びます。コントロール可能ということは、「今、何が起こっているのか」「あのとき、何が起こっていたのか」を正しく観測できることを意味します。第3部では、そうしたクラウドネイティブなアプリケーションの「可観測性」について取り上げます。

以上が本書の概略ですが、各章は独立しているため、必要なところだけを選んで読み進めることができます。しかし、これからクラウドでアプリケーションを構築する場合など、クラウドネイティブの考え方を体系的に理解したいこともあるでしょう。そのような場合には、ぜひ最初から通読してみてください。

また、折に触れて「アーキテクチャパターン」としてAWSを例に実践的なアーキテクチャを紹介しています。みなさんのアプリケーションで実践する際にも具体的なイメージがつきやすいでしょう。

● サンプルアプリケーションとアーキテクチャパターン

本書では、読者のみなさんがイメージしやすいよう、サンプルアプリケーションを用意しています。各章に登場する「アーキテクチャパターン」の節では、このサンプルアプリケーションにパターンを適用するという構成を採っています。

サンプルアプリケーションは、「Ticket Store」というチケット販売システムです。「Ticket Store」では、

vii

コンサートやスポーツ観戦、握手会などのイベントの参加チケットを検索、購入したり、参加のキャンセルやチケットのリセールを行うことができます。

「アーキテクチャパターン」は、一般的に、あらゆる組織やシステムで一律に適用できるようなプラクティスではありません。「このような組織、システムの場合はこのパターン」「別の組織、システムの場合はこのパターン」というように、パターンを適用できる前提が存在します。

そのため、サンプルアプリケーションにおいても、開発組織や要件が一律に決まっているわけではありません。アーキテクチャパターンごとに、さまざまな前提条件や要件が設定されます。しかし、ざっくりと「チケットを販売するTicket Store」を例に、パターンを紹介するという構成になっています。

謝　辞

　書籍の執筆にあたり、多くの方々から貴重なご意見とご協力をいただきました。この場を借りて心から
の感謝を申し上げます。

　モダンな開発手法に関して、下川賢介さん、落水恭介さんから的確なご指摘とご示唆をいただきました。
最新の動向を踏まえた観点から、内容の改善に大きく寄与していただきました。

　回復力およびアプリケーション設計の面で、深森広英さん、倉元貴一さん、讃岐和広さん、篤直矢さ
んから、専門的見地に立った助言をいただきました。

　可観測性およびクラウドオペレーションについては、津和崎美希さん、津郷光明さんにレビューいただ
き、実践に即した課題と解決策を盛り込むことができました。

　さらに技術評論社の村下昇平さんには、企画段階から熱心にご尽力いただき、分かりやすく実用的な
内容となるようご配慮いただきました。終始、丁寧かつ建設的なご助言をいただきましたことに、心から
感謝いたします。

　最後に、執筆活動に専念できるよう、陰ながらサポートし続けてくれた家族にも感謝の意を表します。
彼らの理解と支えがなければ、この書籍を完成させることはできませんでした。

　皆さんのご尽力とご協力に、重ねて心からの感謝を申し上げます。この書籍が、多くの読者の皆さん
にとって有益なものとなれば幸いです。

次

はじめに ……………………………………………………………………………… iii
謝辞 ……………………………………………………………………………………… ix

第1部　運用を効率化する　　　　　1

第1章　責任共有モデルを意識してアーキテクチャを選択する ………… 5
　　　　責任共有モデルとは ……………………………………………………… 5
　　　　責任範囲を最小化するようクラウドサービスを選択する ……… 6
　　　　利用者の責任範囲をサポートするサービスに習熟する ………… 7
　　　　責任共有モデルを意識したアーキテクチャパターン ………… 8

第2章　テスト容易性を高める ……………………………………………… 13
　　　　ユニットテストを阻害する複雑な依存関係 …………………… 13
　　　　開発者による信頼性の高いテスト ………………………………… 14
　　　　独立した組織によるテスト ………………………………………… 15
　　　　テストピラミッドと CI/CD ………………………………………… 16
　　　　テスト容易性を高めるためのアーキテクチャパターン ……… 17

第3章　小規模かつ可逆的な変更を頻繁に行う …………………………… 25
　　　　継続的インテグレーション ………………………………………… 25
　　　　トランクベース開発 ………………………………………………… 28
　　　　継続的インテグレーションに必要なプラクティス …………… 30
　　　　継続的デリバリー …………………………………………………… 36
　　　　進化的なアーキテクチャ …………………………………………… 38
　　　　小規模かつ可逆的な変更を頻繁に行うための
　　　　アーキテクチャパターン …………………………………………… 40

第4章　セキュリティを作り込む …………………………………………… 48
　　　　責任共有モデルとクラウドのセキュリティ …………………… 48
　　　　疎結合なアプリケーションのセキュリティ …………………… 50
　　　　脅威モデリング ……………………………………………………… 52

DFD（Data Flow Diagram）によるモデリング ………………… 53

STRIDEフレームワークによる脅威のリストアップ ………… 55

脅威への対策………………………………………………………… 57

セキュリティを高めるためのアーキテクチャパターン ………… 58

第5章　DevOpsとプラットフォームエンジニアリング ………… 64

運用と開発のコラボレーション ………………………………… 64

クラウドネイティブなチームモデル …………………………… 67

プラットフォームエンジニアリング …………………………… 69

アーキテクチャパターン ………………………………………… 73

第 **2** 部　回復力を高める　　　　　　　　　　　　81

第6章　スケーラブルなアーキテクチャを実装する ……………… 85

オートスケーリングを前提としたアプリケーションの構造 ……… 86

非同期アーキテクチャによるスケーラビリティ …………………91

制限をコントロールする ………………………………………… 96

アーキテクチャパターン ………………………………………… 98

第7章　障害からの自動的な復旧を実現する …………………… 118

リカバリ目標を定義する ………………………………………… 118

フェイルオーバーを実装する …………………………………… 119

タイムアウト、リトライを実装する …………………………… 125

安全なデプロイメント …………………………………………… 128

アーキテクチャパターン ………………………………………… 132

第8章　回復力をテストする …………………………………… 143

スケーラビリティをテストする ………………………………… 143

障害復旧のテストを行う ………………………………………… 145

Game Dayを実施する …………………………………………… 146

アーキテクチャパターン ………………………………………… 146

目 次

第 3 部　可観測性を高める　151

第9章	**可観測性を実装し運用する**	154
	可観測性の3本柱	154
	SLI、SLO、SLAとエラーバジェット	157
	トリアージ	160
	ビジネスの観点でメトリクスを収集する	161
	FinOps	163
	アーキテクチャパターン	165

第10章	**AWSのサービスを活用してテレメトリを収集する**	174
	OpenTelemetry と ADOT	174
	AWS X-Rayによる分散トレーシング	175
	抽象化レイヤのメトリクスを収集する	176
	ログ出力先を抽象化する	176
	アーキテクチャパターン	177
	OSS、3rd Party 製品の活用	187

索引	190

第 1 部

運用を効率化する

|||||||||||||||||||||||||||||||||

- 第1章 責任共有モデルを意識してアーキテクチャを選択する
- 第2章 テスト容易性を高める
- 第3章 小規模かつ可逆的な変更を頻繁に行う
- 第4章 セキュリティを作り込む
- 第5章 DevOpsとプラットフォームエンジニアリング

第 1 部　運用を効率化する

　第1部では、みなさんのアプリケーション運用を効率化するためのクラウドネイティブな技術や手法を紹介します。

●責任共有モデルを意識してアーキテクチャを選択する

　アプリケーション運用の効率化は古くから追求されてきたテーマです。たとえば、面倒な運用をスクリプトやIaCツールで自動化するといった対策が代表的でしょう。とくに、クラウドではアプリケーションの運用に伴う多くの作業をツールやAPIで実行できます。したがって、自動化による効率化はクラウドでない環境よりも容易になるでしょう。

　しかし、クラウドネイティブな運用の効率化は自動化だけにとどまるものではありません。

　たとえば、仮想マシンにデプロイされているアプリケーションに必要な運用業務は多岐にわたります。仮想マシンのメンテナンスだけでも、OSのバージョンやパッチの管理、セキュリティ対策、バックアップとリストア、死活監視、キャパシティの管理、サイジングなどが必要になるでしょう。

　ただし、こうした複雑な運用をそのまま自動化する難易度は高く、仮に自動化できたとしても、そのための複雑な自動化スクリプトが負債として残り、自動化のしくみ自体がメンテナンスできなくなるケースもよく見られます。一方クラウドでは、サーバーレスのような仮想マシンの管理を不要にする技術を活用することで、運用自体をなくしてしまうという選択肢があります。

　そこで、第1部の第1章では、クラウドのサービスを適切に選択することで運用を効率化することを学びます。

　サービス選択においては、「クラウドネイティブ」という言葉で表されるとおり、クラウドを単なる仮想マシン置き場として使うのではなく、その幅広い機能を活用することが重要です。AWSのようなクラウドのプラットフォームは、アプリケーションを動かすためのコンピュート環境から開発ツール、データ処理と分析基盤、機械学習、アプリケーションの監視やログ管理まで、さまざまなマネージド型のサービスを提供しています。そうしたマネージド型のサービスを活用すると、自分で同じような機能を構築して管理することに比べて運用を効率化できます。

　クラウドのサービスは、運用作業のうち、どの部分がクラウド側の責任で、どの部分が利用者の責任かを明確に定義しています。たとえば、AWSでコンピュートを提供する代表的なサービスであるAmazon EC2では、仮想マシンを管理するハイパーバイザーや物理的なインフラストラクチャーなどがAWSの責任で、仮想マシンのOSやセキュリティ、アプリケーションなどのプロセスなどは利用者の責任です。

　このような、「クラウドでクラウド側と利用者側が、運用業務を共同で担いましょう」というモデルを「責任共有モデル」といいます。この責任共有モデルを意識して、なるべく多くの運用をクラウド側へ移譲することが重要です。

● テスト容易性を高める

　適切なクラウドのサービスを選択し、運用効率の良いアーキテクチャに変更していくためには「テスト」と「小規模な変更を頻繁に行うことができる環境」が重要です。

　たとえば、「今まで自社で管理していたメールサーバーを、AWSのメール送信サービスである Amazon Simple Email Service（Amazon SES）に置き換える」「さらに、スケーラビリティを確保するためにアプリケーションからメールを送信する機能に対しても、Amazon Simple Queue Service（Amazon SQS）で管理されたキューを挟むことで非同期なアーキテクチャへ変える」といったケースを考えてみましょう。

　このとき、もしアプリケーションにまったくテストがなければ、アプリケーションの迅速な変更はできません。たとえテストがあったとしても、それが自動化されている必要もあります。

　これは、自動化によって運用の負荷を下げられるためでもありますが、なにより、自動化されていないテストは信頼性に欠けるためです。信頼性の低いテストスイートは、デプロイ時の障害につながったり、トラブルシュートを困難にし、運用の負荷を高くしたりします。

　そこで第2章では、信頼性の高い自動化されたテストスイートを構築するための手法を学びます。具体的には、アプリケーションのコードを疎結合に整理することで、ユニットテストを充実させるアーキテクチャパターンを紹介します。

● 小規模かつ可逆的な変更を頻繁に行う

　また、アプリケーションのデリバリーも運用業務の1つであり、効率化していく必要があります。アプリケーションのビルドと検証を自動化する継続的インテグレーションやデプロイを自動化する継続的デリバリー、すなわちCI/CDはその代表的なプラクティスでしょう。また、CI/CDを導入するには、「アプリケーションのソースコードをどのように管理するべきか」というソースコードリポジトリに関する戦略も重要です。

　そこで第3章では、アプリケーションのデリバリーを効率化することで「小規模な変更を頻繁に行うことができる環境」を構築する手法を学びます。

　第3章では同時に、「進化的アーキテクチャ」についても紹介しています。効率の良い理想的なアーキテクチャは、技術や手法の進歩により変化します。「進化的アーキテクチャ」は、その変化に合わせてアーキテクチャも適切に変化させていくために何が必要かを理解するために重要な考え方です。

● セキュリティを作り込む

　続く第4章では「セキュリティ」に注目します。アプリケーションの実装プロセスを「設計」「開発」「運用」と分けたとき、後半のプロセスに進むほどその対策コストが上がるという「セキュリティ・

第1部　運用を効率化する

バイ・デザイン」や「セキュリティのシフトレフト」という考え方は広く知られています。一般的に、開発や運用の段階での網羅的なセキュリティ対策は、運用の効率を大きく下げることにつながります。

そこで第4章では、「脅威モデリング」によりクラウドネイティブなアプリケーションに設計時からセキュリティを作り込む手法を学びます。「脅威モデリング」はアプリケーションにどのような悪いことが起こり得るか、またそれに対してどのように対処するべきか明確にするための構造化された手法です。そのうえで、アーキテクチャのデータフローを可視化し、「STRIDE」と呼ばれるフレームワークを基に脅威を洗い出し、それらの脅威へ対策するアーキテクチャパターンを紹介します。

○ DevOpsとプラットフォームエンジニアリング

IT組織のチームとDevOpsの文化も重要です。かつてのソフトウェア開発の世界では、多くの現場で開発と運用の責任が明確に分離されており、かつお互いが利益相反の関係にありました。「開発は要件を早く実装して本番環境にデプロイしたいが、運用は環境を不安定にさせたくないのでなるべく変更したくない」といった状況です。このような組織の分断は「サイロ化」と呼ばれ、運用の効率を損ねるもっとも大きな要因の1つとなっています。

このような背景から生まれた開発手法がDevOpsです。DevOpsは開発と運用が責任を共有し、効果的にコラボレーションできる文化と、その基盤となる技術的なプラクティスとツールセットを推奨するもので、2008年ごろから現在まで重要性が叫ばれてきました。

そこで第5章では、DevOpsと、DevOpsを下敷きにした「プラットフォームエンジニアリング」というアプローチを紹介し、クラウドネイティブな開発と運用を効率化するためのチームとプラットフォームの作り方を学びます。

第1章 責任共有モデルを意識してアーキテクチャを選択する

責任共有モデルとは

クラウドネイティブなアプリケーションの運用を効率化するには、「責任共有モデル」を意識することが非常に重要です。

クラウドのサービスは一般的に、運用作業のうち、どの部分がクラウド側の責任で、どの部分が利用者の責任かを明確に定義しています。たとえば、AWSでコンピュートを提供する代表的なサービスであるAmazon EC2では、仮想マシンを管理するハイパーバイザーや物理的なインフラストラクチャーなどがAWSの責任で、仮想マシンのOSやセキュリティ、アプリケーションなどのプロセスなどは利用者の責任です。

このように、AWSなどクラウドの提供者とクラウドを利用する側とが、セキュリティや可用性、運用を共同で担うというモデルを「責任共有モデル」といいます（図1.1）。責任共有モデルを意識して、なるべく多くの運用をクラウド側へ移譲することで運用を効率化できます。

図1.1：責任共有モデル

なお、AWSではこの責任共有モデルについて詳細を公開しています[注1.1]。その他のクラウド提供者も、同様のモデルを採用しています。

責任範囲を最小化するようクラウドサービスを選択する

責任共有モデルにおいて、クラウド提供者とクラウド利用者の責任範囲は、どんなクラウドサービスを利用するかによって異なります。

たとえば、一般的なWebアプリケーションをAWSで構築して運用するとしましょう。

アプリケーションのデプロイ先として、クラウドでは仮想マシンやコンテナ、サーバーレスなどさまざまな選択肢があります。

仮想マシン（Amazon EC2）を選択した場合は、負荷分散や可用性の確保、セキュリティパッチの適用など、ほぼすべての運用が利用者の責任範囲となります。

しかし、「リクエスト数に応じてスケーリングする」「地理的に離れた場所にアプリケーションを複製することで可用性を確保する」といった運用は、多くのWebアプリケーションで共通して求められるものです。サーバーレス、たとえばAWS Lambdaを選択すると、このような一般的に必要になる運用はAWSの責任範囲になります（図1.2）。クラウドの利用者は、本番環境で必要になる多くの運用作業をクラウド提供者に移譲できるということです。

図1.2：AWS Lambdaの責任共有モデル

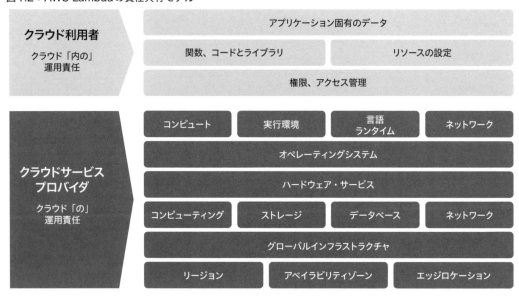

注1.1　https://aws.amazon.com/jp/compliance/shared-responsibility-model/

第1章　責任共有モデルを意識してアーキテクチャを選択する

　利用者の責任範囲としたいのは、本来、アプリケーション固有のビジネスロジックのみでしょう。その意味で、クラウドサービスの選択では利用者の責任範囲がもっとも小さくなるものを最初に検討します。上記の例ではAWS Lambdaですね。

　そこから、組織や要件の制約をふまえて、利用者の責任範囲を広げるように検討するサービスを変えていくことになります。

　たとえば、開発チームのスキルセットにAWSのサーバーレスサービスが含まれていない場合、AWS Lambdaを選択することでむしろ実装の負荷が上がってしまうこともあります。このような場合、コンテナ技術も選択肢になるでしょう。コンテナでは、開発や運用の面で、サーバーレスよりも仮想マシンとの差分が少ないため、既存のスキルセットを活用しつつ負荷の低い開発と運用を実現できます。

利用者の責任範囲をサポートするサービスに習熟する

　責任共有モデルとは、アプリケーションの責任を共同で担うモデルであって、責任を押し付け合うものではありません。クラウドサービスでは、クラウドの提供者と利用者の責任範囲を明確化しつつ、利用者が担う範囲をサポートする機能やサービスが用意されています。

　たとえば、AWSにおいて仮想マシン（Amazon EC2）でWebサービスを構築する際、利用者は任意のポートを全世界に公開できます。利用者は、セキュリティを考慮して、どこにどのポートを公開するか設定する必要があります。

　しかし、AWSではセキュリティグループを使ってAPIやマネジメントコンソールで簡単に公開するポートを設定できます[注1.2]。また、VPC Reachability Analyzerという機能[注1.3]で、ネットワークが目的どおり設定されているか確認することもできます。さらに、脆弱性管理のサービスであるAmazon Inspector[注1.4]を利用すると、不要なネットワークパスが公開されていないかを継続的にスキャンできます。

　このように、クラウドネイティブなアプリケーションの設計では、利用者の責任範囲を最小化しつつ、その責任範囲をサポートできるクラウドの機能に習熟することが重要です。

注1.2　https://docs.aws.amazon.com/ja_jp/AWSEC2/latest/UserGuide/ec2-security-groups.html

注1.3　https://aws.amazon.com/jp/blogs/news/new-vpc-insights-analyzes-reachability-and-visibility-in-vpcs/

注1.4　https://docs.aws.amazon.com/ja_jp/inspector/latest/user/findings-types.html#findings-types-network

第1部 運用を効率化する

責任共有モデルを意識したアーキテクチャパターン

それでは、責任共有モデルを意識した設計を、サンプルアプリケーション「Ticket Store」を例に確認してみましょう。

● 責任境界の最適化

ここで紹介するのは「責任境界の最適化」パターンです。選択したサービスについて責任境界を引いてみることで、利用者の責任範囲が最小化されているかを確認します。

「Ticket Store」では、チケットの情報を表示したり購入したりする機能があります。そして、そこではシンプルな3層構造のアーキテクチャを採用しているとします（図1.3）。

図1.3：3層構造アーキテクチャ

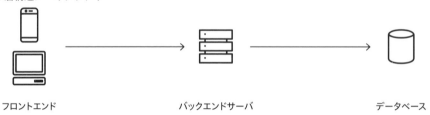

ここでは、「バックエンドサーバー」に注目しましょう。先述のとおり、バックエンドのアプリケーションは仮想マシンやコンテナ、サーバーレスといったさまざまな技術を使って構築できます。このとき、クラウド提供者とクラウド利用者の責任境界を意識しながらアーキテクチャを検討します。

たとえば、仮想マシン（Amazon EC2）を使う場合の責任境界は図1.4のようになるでしょう。

図1.4：Webアプリケーションの責任境界（Amazon EC2）

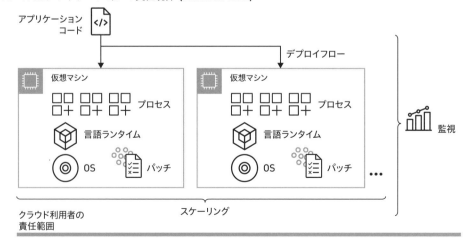

ここでは、仮想マシンのリソース、つまりOSやパッチ、プロセスや言語ランタイムの管理が利用者の責任範囲に含まれるほか、スケーリングの実装や監視、デプロイフローを設計して実装する必要があります。運用のほとんどが利用者の責任範囲となっているのです。

もちろん、クラウドではこれらの責任範囲をサポートするサービスを利用できます。たとえばAWSでは以下のようなサービスがあります。

- AWS Systems Manager：OSやパッチ管理の自動化
- AWS Codeシリーズ：デプロイフロー の実装
- AWS AutoScaling：オートスケールの実装
- Amazon CloudWatch：監視とアラート

利用者の責任範囲に含まれるものであっても、このようなクラウドのサービスを活用することで省力化できることがクラウドネイティブな運用の特徴です。

一方で、サーバーレスのサービスを選択することで、責任の境界自体を移動できます。

AWS Fargate[注1.5] は、アプリケーションをコンテナで運用できるサーバーレスのコンピューティング基盤です。アプリケーションをコンテナイメージで用意しさえすれば、あとはFargateがそのコンテナを実行してくれます。Fargateを利用した場合、責任境界は図1.5のようになります。

図1.5：Webアプリケーションの責任境界（AWS Fargate）

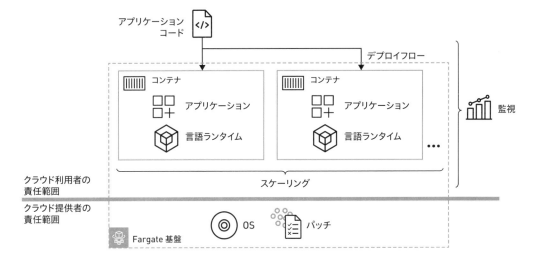

注1.5　https://aws.amazon.com/jp/fargate/

第1部 運用を効率化する

アプリケーションを動かすためのマシンを用意したり、OSやパッチなどの環境を管理したりする必要がなくなるため、利用者はアプリケーションの作成と運用に集中できます。一方で、コンテナをビルドしてFargateにデプロイするフローの設計や、コンテナを負荷に合わせてスケールするといった運用は必要です。こうした運用を省力化するためには以下のサービスが活用できるでしょう。

- AWS Codeシリーズ：デプロイフローの実装
- AWS Application Auto Scaling：コンテナのスケーリング
- Amazon CloudWatch：監視とアラート

さらに、サーバーレスのコンピューティング環境であるAWS Lambdaを利用した場合はどうでしょうか。責任の境界は図1.6のようになるでしょう。

図1.6：Webアプリケーションの責任境界（AWS Lambda）

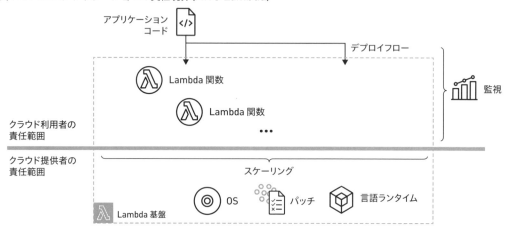

さらにAWSの責任範囲が大きくなっていることがわかります。アプリケーションコードさえ用意してデプロイすれば、そのコードをLambdaが実行してくれます。実行するためのマシンや言語ランタイムを管理する必要がありません。また、アプリケーションのスケーリングは、Lambdaがリクエストに応じて実施します。つまり、スケーリングの責任範囲もAWS側にあるということです。利用者側の責任範囲はアプリケーションコードを用意してデプロイするといった、わずかな範囲に限定されるでしょう。

また、多くのクラウドで「利用者はコードを用意するだけ、あとはワンクリックでアプリケーションをビルド、デプロイして、アクセスするためのURLが払い出される」というWebアプリケーション向けのサービスが用意されています。AWSではAWS App Runner[注1.6]がそれに相当するサー

注1.6 https://aws.amazon.com/jp/apprunner/

ビスです。App Runnerを使うと、責任境界は図1.7のようになります。

図1.7：Webアプリケーションの責任境界（AWS App Runner）

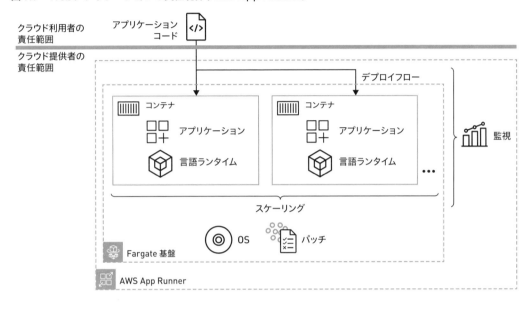

App Runnerは内部でAWS Fargateを利用しており、そのうえでデプロイフローの実装や監視、スケーリングのしくみがあらかじめ組み込まれています。また、図1.7には記載されていませんが、負荷分散やアプリケーションにアクセスするURLの払い出しもしてくれます。仮想マシン（Amazon EC2）で実装したときに必要だった構築、運用作業のほとんどをクラウド提供者に移譲できていますね。

クラウドネイティブなアプリケーションでは、利用するクラウドサービスの選択が運用の効率化に大きく影響します。ここまでの例のように境界を移動させつつ、もっとも利用者の責任範囲が小さいサービス（ここでいえばAWS App Runner）から検討しましょう。

一方、利用者の責任範囲が小さくなればなるほど、サービスの「抽象度」が高くなります。抽象度が高いとは、「利用される状況を限定している」ということです。たとえば、App Runnerは「リクエスト数ベースでスケールするHTTPのWebアプリケーション」が前提のサービスです。執筆時点ではスケーリングに利用できるメトリクスは同時接続数のみですし、非同期で動作するワーカーや、WebSocketでの双方向通信にも対応していません。

スケーリングのしくみを柔軟に設定したい場合、責任境界を移動させて、スケーリングを利用者の責任範囲に含める必要があります。上記の例では、AWS Fargateを使用するとよさそうですね。

また、クラウド利用者の責任範囲に含まれている運用が、アプリケーションの要件を満たすか

第 **1** 部 運用を効率化する

についても検討が必要です。たとえば、AWS App Runner と AWS Lambda はどちらも「スケーリング」が AWS の責任範囲に含まれていますが、両者のスケーリングの仕様は大きく異なっています。AWS App Runner は、アプリケーションの 1 インスタンスが処理できる同時接続数をベースにスケールします[注1.7]が、AWS Lambda は 1 つのリクエストに対して 1 つのインスタンスを起動します（インスタンスが再利用されることはありますが、1 つのインスタンスがリクエストを同時に実行することはありません）[注1.8]。常時起動して多くのリクエストを受け付けることができるアプリケーションでは App Runner が採用しやすい、ということはあるでしょう。一方、すばやく起動して短時間で処理を完了できるアプリケーションであれば、AWS Lambda はコストを抑えながら大規模にスケールできるため採用しやすくなります。

このように、抽象度が高いサービスから検討を始め、責任境界を検証しながら少しずつ選択するサービスの抽象度を落としていきます。クラウドネイティブな運用の効率化では、開発と運用を最大限、クラウド提供者に移譲できるようにクラウドサービスを選択することが重要です。

注1.7　https://d1.awsstatic.com/events/Summits/reinvent2022/CON312_Auto-scale-your-web-application-using-AWS-App-Runner.pdf

注1.8　https://docs.aws.amazon.com/ja_jp/lambda/latest/dg/lambda-concurrency.html

第2章　テスト容易性を高める

<table>
<tr><td>第</td><td>2</td><td>章</td></tr>
</table>

第 **2** 章 ┃ テスト容易性を高める

　クラウドネイティブなアプリケーションは、疎結合なアーキテクチャにより迅速かつ頻繁な変更を実現します。一方、「アプリケーションのテストが不十分である」ことは、その変更を難しくします。テストがなければ、アプリケーションの変更が本番環境にどのようなエラーや影響を及ぼすかわからないからです。したがって、クラウドネイティブなアプリケーションでは十分なテストが必要です。

　テスト容易性 (Testability) は、アプリケーションに対してどれだけ簡単に、かつ効果的にテストができるか、という性質です。

　アプリケーションのある機能が、外部からどのような操作をしてもエラーとならず、結果も返さず、ログも出力しなかったとしたらどうでしょうか。その機能をテストするには、データベースの値や依存している外部サービスの操作結果、メールなどを確認する必要があります。これでは、テストが容易であるとはいえません。自動化も難しくなります。

┃ユニットテストを阻害する複雑な依存関係

　一口にテストと言っても、ユニットテストから結合テスト、UI テストなどさまざまなものがあります。後述しますが、クラウドネイティブアプリケーションでは、ユニットテストを充実させることが有用です。ユニットテストは、自動化が容易で実行も高速だからです。

　『レガシーコード改善ガイド』注2.1 という書籍では、アプリケーションのテスト容易性を向上させることで、ユニットテストを充実させ、変更を可能にする手法を詳説しています。同書では、「レガシーコードとは、テストのないコードのことである」と定義しており、テストを困難にする要素として以下のようないくつかのケースが取り上げられています。

- コードベースが巨大かつ複雑で理解できないため、テストを作成できない
- ライブラリ、API、コードベースの他箇所への依存が複雑に絡み合っており、一部だけをテストできない
- メソッド、関数に暗黙的な副作用 (メールの送信やデータの書き込み、GUI の更新など) が含ま

注2.1　マイケル・C・フェザーズ著／ウルシステムズ株式会社監訳／平沢章ほか訳『レガシーコード改善ガイド：保守開発のためのリファクタリング』翔泳社、2009年

れており、それらの副作用がテストで考慮されていない

- コードのビルドとテストに時間がかかりすぎるため頻回にテストが実行されない

これらの課題をさらに深掘りすると、アプリケーションのアーキテクチャが密結合になっていることが大きな要因となっています。

コードベースに明確な境界がなく、ライブラリや外部のAPI、データベースなどの外部システムを混然と利用していたり、あるコードが別のコードと密結合になっているということです。そのため、コードの一部だけを取り出してテストをしたり、外部システムとの連携がない環境でテストができなかったりします。

また、同書では密結合な依存関係を排除する手法がいくつも紹介されています。たとえば、「依存関係の逆転」という原則により、複雑に絡み合ったライブラリ、API、コードベース内の依存関係を切り離していくことができます。そして、「コマンドとクエリの分離 (Command-Query Separation、CQS)」や「コマンドとクエリの責務分離 (Command-Query Responsibility Segregation、CQRS)」といったパターンの活用で、ロジックに含まれる副作用を明示して局所化できます。

テスト容易性を実現するには、このような原則やパターンを適用して密結合な依存関係をときほぐし、コードベースの中に明確な境界を設けることで、境界の内部だけをテストできるようにすることが重要です。

開発者による信頼性の高いテスト

テストの自動化が、クラウドネイティブアプリケーションのアジリティや保守性を担保する重要なプラクティスである、という点に議論の余地はありません。しかし、テストを自動化していればそれでいいわけではありません。

『LeanとDevOpsの科学』[注2.2] という書籍では、2,000社を超える組織を調査し、IT生産性を分析した結果がまとめられています。そこでは、効果的な自動テストの特徴として、「高い信頼性」と「開発者主体で作成されていること」の二点が挙げられています。

● テストの信頼性

テストの信頼性が高ければ、品質の面では「テストに通ればリリースできるし、通らなければリリースできない」と明確に判断できます。

自動テストの信頼性を損ねるものの1つが低い決定性です。つまり、同じテストなのに実行す

注2.2　Nicole Forsgren Ph.D.ほか著／武舎広幸、武舎るみ訳『LeanとDevOpsの科学：テクノロジーの戦略的活用が組織変革を加速する』インプレス、2018年

第2章　テスト容易性を高める

るたびに結果が変わるということです。膨大なUIテストや外部システムに大きく依存したテストスイートは決定性が低くなりがちです。

　このようなテストスイートは、リリースしてはならない不具合を見落としてしまうことにつながりますし、逆にリリースできる状態でもテストがエラーになる（偽陽性）も多くなります。『LeanとDevOpsの科学』では、このような信頼性の低いテストスイートがソフトウェアの開発やデリバリーのパフォーマンスに大きく影響すると述べられています。

　テストスイート全体の信頼性を高めるためには、前節「ユニットテストを阻害する複雑な依存関係」で述べたように依存関係を整理してユニットテストの比重を増やすのはもちろん、そもそも信頼性が低い自動テストを削除するのも選択肢の一つです。

● 開発者主体で作成された自動テスト

　また、品質保証（QA）チームや外部組織にテストを外注しているケースもよくあるのではないでしょうか。『LeanとDevOpsの科学』によると、外部に発注した自動テストは、開発やデリバリーのパフォーマンス向上に効果がないとされています。

　テスト容易性のためにはアプリケーションのアーキテクチャを疎結合にする必要があります。開発者が主体的に自動テストを作成、管理することで、アーキテクチャの改善とデリバリーのパフォーマンスを向上できます。

　これらの性質を備えた自動テストは、開発者に有用なフィードバックを迅速に返すことができます。テストでなんらかのエラーが発生したとしても、容易に対応できるでしょう。逆に、信頼できないフィードバックが忘れたころに返ってくると、調査と対応に高いコストを払う必要があります。これは、アプリケーションのリリース速度や保守性の低下に直結します。

独立した組織によるテスト

　もちろん、QAチームやテスターなど、独立した組織によるテストは重要です。

　UXのプロフェッショナルによるユーザービリティのテストや、テスティングの専門家による探索型テスト（エラーになりやすいさまざまなパターンを独創的にテストすること）によって、アプリケーションの品質を高めることができます。しかし、「事前にシナリオやテスト内容を決めて、外部組織にその内容を実行してもらう」という単なるテスト作業の外注は効果が出にくいでしょう。

第1部 運用を効率化する

テストピラミッドと CI/CD

「開発者にすばやくフィードバックを返す環境が重要」という観点から有名な考え方が「テストピラミッド」[注2.3]です（図2.1）。テスト戦略全体において、大部分（目安として70%）をユニットテストが占めるべきというものです。

図2.1：テストピラミッド

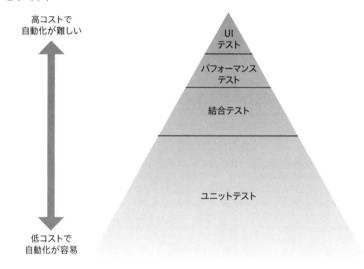

テストピラミッドは、CI/CDを実践するためにも重要です。一般的に、ソフトウェアのデリバリーで利用されるパイプラインは図2.2のようになるでしょう。

図2.2：デプロイメントパイプライン

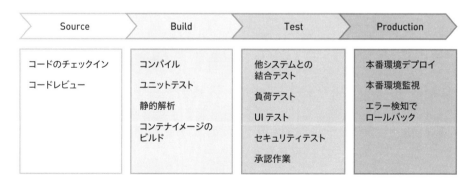

注2.3　https://docs.aws.amazon.com/ja_jp/whitepapers/latest/practicing-continuous-integration-continuous-delivery/testing-stages-in-continuous-integration-and-continuous-delivery.html

CI/CDの原則では、各ステージで失敗したときには、すぐに開発を止めて原因を突き止め、修正すべきとされています。パイプラインが壊れたまま放置されていると、そのパイプラインの信頼性が損なわれ、手作業による検証作業が多く残ってしまうためです。

しかし、テストピラミッドが崩れていると、この原則が形骸化しがちです。

図2.2のパイプラインの例では、Buildステージにユニットテストが、Testステージに結合テストやUIテストがマッピングされています。ここで、ユニットテストがほとんどなく、UIテストや手作業でのテストが多くを占めるテスト戦略を採っている場合どのようになるでしょうか。

Buildステージは、テストカバレッジが低いため失敗することはまれでしょう。ユニットテストは重視されていないので、失敗したとしても無視されることもよくあります。その場合、品質はTestステージで保証します。

こうしたことから「CI/CDが失敗したら即開発を止めて修正」されることが少なくなってきます。CI/CDの失敗が品質に直結していないためです。

一方で、テストピラミッドに沿ったテスト戦略では、カバレッジが高いユニットテストでテストのほとんどが構成されています。パイプラインはフィードバックを迅速に開発者に返し、決定性が高いものとなります。CI/CDが失敗したかどうかが品質に直結しているため、失敗したらすぐに開発を止めて修正する必要があります。

テスト容易性を高めるためのアーキテクチャパターン

それでは、テスト容易性を高めるためのプラクティスを具体的に確認していきましょう。

○ 依存関係の逆転

密結合な依存関係を疎結合にするためのプラクティスには有名なものがいくつもありますが、なかでも「依存関係逆転の原則」はもっとも重要な考え方の一つでしょう。

「依存関係逆転の原則」は、ソフトウェアモジュール間の依存関係を通常と逆向きにすることでコードの疎結合を実現するパターンです。

「Ticket Store」において、販売対象のイベントが公開された際に、そのことをイベントの管理者に通知する必要があったとします。これを、以下のように実装していたとしたらどうでしょう。

```
class EventsService {

  public Event createEvent(String name, String description) {
    Event event = new Event(name, description);
    eventRepository.save(event);
```

```
    EmailService emailService = new EmailService(SMTP_ENDPOINT, SMTP_PORT, ...);
    emailService.send(event.adminEmail, "通知メッセージ");

    return event;
  }
}
```

　このロジックにはメール送信の実装が含まれており、テストするためにはメールサーバーを用意する必要があります（図2.3）。これではテストが容易とは言えません。

図2.3：実装への依存

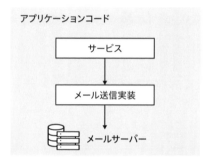

　では、このロジックから実装の詳細を排除してみましょう。

```
class EventsService {

  INotifyService notifyService;

  public Event createEvent(String name, String description) {
    Event event = new Event(name, description);
    eventRepository.save(event);
    notifyService.notify(event, "通知メッセージ");
    return event;
  }

}

class EmailService implements INotifyService {
  public void notify(Event event, String message) {
    EmailService emailService = new EmailService(SMTP_ENDPOINT, SMTP_PORT, ...);
    emailService.send(event.adminEmail, "通知メッセージ");
  }
}
```

このように、サービス側では「通知を送る」という抽象だけに依存し、「メールで通知を送る」という具体的な実装を分離します。分離した実装は、アプリケーションコード内ではインフラストラクチャとの連携を取り扱う層へと移動します。

テストの際は、実装をモックに差し替えます。これにより、メールサーバーを起動していなくてもテストできるようになります。

```
class EventsServiceTest {
  @Test
  void testCreateEvent() {
    INotifyService notifyService = new Mock<INotifyService>();
    EventsService eventsService = new EventsService(notifyService);

    Event event = eventsService.createService("test1", "desc1");
    assertEquals("test1", event.getName());
    assertEquals("desc1", event.getDescription());
  }

}
```

新しいコードでは、メール送信の実装に依存するのではなく、通知を送信するという抽象的な仕様をアプリケーションロジックが公開し、その仕様をメール送信という具体的な処理で実装しています。言い換えると、アプリケーションロジックが公開している仕様のほうに、メール送信という実装が依存しています（図2.4）。

図2.4：抽象への依存

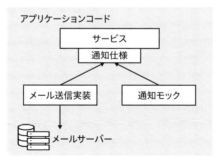

依存関係逆転の原則は、このように「依存の向きを呼び出しの向きと逆にする」という原則です。実装例で見たように、上位レイヤが下位レイヤに対して「仕様」を公開します。そして、下位レイヤはこの仕様を満たす実装を提供します。

この例では、アプリケーションとメールサーバーの依存関係を疎結合にしましたが、依存関係

第1部　運用を効率化する

逆転の原則は、「上位」「下位」のレイヤ構造となっている依存関係全般で利用できます。テスト容易性の観点では、メールサービスや外部API、SaaSなど、アプリケーションで直接制御されていない外部システムとの連携の部分で利用すると有用です。

『単体テストの考え方／使い方』[注2.4]は、ユニットテストについて原則からベストプラクティスまで詳しく紹介された書籍です。そこでは、モックはアプリケーションで直接制御されていない外部システムとの連携で活用するべき、とされています。アプリケーションの内部をモックにすると、リファクタリングなどで実装を変更するたびに壊れてしまう脆いテストスイートになりやすいからです。

アプリケーションの制御下にない外部システムとしては、メールや外部APIが挙げられます。それらをモックにすることで、壊れにくく、かつ高速なテストスイートを構築できます。マイクロサービスアーキテクチャの場合は、他マイクロサービスのAPIもそうした外部システムに含まれます。

一方で、Redisなどのキャッシュサーバーやデータベースは外部システムではありますが、実質的にはアプリケーションの実装の一部です。このような外部システムはモックにせずテストするほうがよいでしょう。

● コンテナによる依存関係の注入

データベースやRedisなどの汎用的な製品は、コンテナ技術によりローカル環境で容易に起動できます。テストの際も、コンテナで実際の製品を立ち上げてしまうのが楽だというケースが多いでしょう。開発中やユニットテストでアプリケーションとコンテナを連携させるソリューションもあります。

たとえば、コンテナ開発で広く利用されているDocker[注2.5]には複数のコンテナを立ち上げてお互いを連携できるComposeプラグイン[注2.6]があります。Composeプラグインでは、以下のようにローカル環境で起動するコンテナの構成をyaml形式で記述できます。

```
services:
  # アプリケーションコンテナの設定
  ticketstore:
    # カレントディレクトリのDockerfileでビルド
    build: .
    ports:
    - 8080:8080
    # データベースコンテナが起動してからアプリケーションコンテナを起動
```

注2.4　Vladimir Khorikov著／須田智之訳『単体テストの考え方／使い方：プロジェクトの持続可能な成長を実現するための戦略』マイナビ出版、2022年

注2.5　https://www.docker.com/

注2.6　https://docs.docker.jp/compose/install/compose-plugin.html

```
    depends_on:
    - database
# データベースコンテナの設定
database:
    # MySQL のコンテナイメージを使用する
    image: public.ecr.aws/docker/library/mysql:8.0.29
    environment:
        # 接続情報の指定
        MYSQL_ROOT_PASSWORD: adminadmin
        MYSQL_DATABASE: ticketstore
```

このとき、コンテナの設定名をホスト名にして相互接続できます。上記では、アプリケーションコンテナから jdbc:mysql://database:3306/ticketstore のようなエンドポイントでデータベースに接続できます。

また、ユニットテスト時にコンテナで依存関係を注入してくれるTestcontainers[注2.7]といったツールもあります。Testcontainers を利用すると、以下のようにユニットテストのコードに記載するだけで、データベースをコンテナで起動し、テストコードから接続情報を取得してデータベースを利用できるようになります。

```
var mysql = new MySQLContainer<>(DockerImageName.parse("mysql:5.7.34"));
mysql.start();
```

● コマンドとクエリの分離

コマンドとクエリの分離 (Command-Query Separation、CQS) は、「コードのメソッドをコマンドとクエリのどちらかにすべき」という原則です。これにより、副作用が発生するコードを局所化し、テスト容易性を向上できます。

「Ticket Store」の例をもう一度見てみましょう。以下のコードは、先述のとおり、イベントが公開されたときに、イベント管理者にメールで通知するものです。また、その機能のテストも再掲します。

```
class EventsService {
  INotifyService notifyService;

  public Event createEvent(String name, String description) {
    Event event = new Event(name, description);
    eventRepository.save(event);
    notifyService.notify(event, "通知メッセージ");
    return event;
  }
}
```

注2.7　https://testcontainers.com/

第 1 部　運用を効率化する

```
}

class EventsServiceTest {

  @Test
  void testCreateEvent() {
    INotifyService notifyService = new Mock<INotifyService>();
    EventsService eventsService = new EventsService(notifyService);

    Event event = eventsService.createService("test1", "desc1");
    assertEquals("test1", event.getName());
    assertEquals("desc1", event.getDescription());
  }

}
```

　上記のメソッドはイベント情報を返しますが、テストでそのイベント情報だけを検証しても不十分でしょう。モックを用意することでテストはパスするかもしれませんが、メールの送信は検証されていませんね。

　一般的なモックライブラリには呼び出し回数を記録する機能があり、上記のテストも通知処理を呼び出していることを検証できます。

　しかし、メソッドの出力に直接関係しない副作用が発生するメソッドは、明確にそれとわかるようにしておかないとテストが漏れたり、誤って利用されることでバグが発生したりします。とくに、メソッドが長大だったり、作成されてから長い時間が経っている場合は問題になりがちです。

　そこで、CQSを適用し、メソッドのタイプを「結果を返すが副作用はないもの（クエリ）」と「結果を返さないが副作用があるもの（コマンド）」とに明確に分類します。

```
class EventsService {
  INotifyService notifyService;

  public void publishEvent(String name, String description) {
    Event event = new Event(name, description);
    eventRepository.save(event);
    notifyService.notify(event, "通知メッセージ");
  }

  public Event viewEvent(long eventId) {
    return eventRepository.getById(eventId);
  }
}
```

　CQSの原則に従うことで、ユニットテストで何をテストするべきかが明確になります。戻り値のないコマンドメソッドでは、アプリケーションの内部状態がどう変わったかをテストすべきだ

と判断できます。たとえばメールサーバーなどの外部システムが呼ばれているか、データベースは意図どおり変更されているかなどをテストする必要があるでしょう。

● コマンドとクエリの責任分離

コマンドとクエリの責任分離 (Command-Query Responsibility Segregation、CQRS) はCQSを発展させ、コマンドの責務を持つクラスとクエリの責務を持つクラスを分離するデザインパターンです。適切な場面で利用すれば、アプリケーションの依存関係をシンプルにできます。

「Ticket Store」では、サービスのユーザーがどのチケットを買ったのか、どのイベントに参加したのかなど、アクティビティのレポートを取得する機能があります。シンプルに実装すると、ユーザーのアクティビティに関連するさまざまなクラスを呼び出して情報を集めることになります。

```java
class UserService {
  List<Activity> getActivities(long userId) {
    User user = userRepository.getUserById(userId);
    // 注文を取得
    List<Order> orders = orderRepository.getOrdersByUserId(userId);
    // 注文に紐付くチケットを取得
    List<Ticket> tickets = ticketRepository.getTicketsById(orders.stream().map(order
-> order.getId()).toList());
    // チケットに紐づくイベントを取得
    List<Event> events = eventRepository.getEventsById(tickets.stream().map(ticket ->
ticket.getId()).toList());
    ...

    return generateActivities(user, tickets, events, ...);
  }
}
```

上記のサービスは、多くのクラスと依存関係があり、テストが容易ではありません。一般的に、クエリに相当するデータの読み込みは、バリエーションが豊かで複雑な条件のフィルタが必要になることがあります。そのような場合に、データの書き込みで利用しているクラスを組み合わせてクエリを実現しようとすると、この例のように保守性が低く、テストが困難なコードになります。

ここで、CQRSを適用し、アクティビティを取り扱うクラスにクエリの責務を分離します。このクラスでは、発行したいクエリをダイレクトに記述できます。

```java
class ActivityQueryServiceDB implements ActivityQueryService {
  ...

  List<Activity> getActivities(User user) {
    // SQL を発行してアクティビティを取得する
    try (Stream<Record> stream = create.select()
```

```
      .from(ORDERS)
      .join(TICKETS)
      .on(ORDERS.TICKET_ID.eq(TICKETS.ID))
      .join(EVENTS)
      .on(TICKETS.EVENT_ID.eq(EVENTS.ID))
      .where(ORDERS.USER_ID.eq(user.id))
      .fetchStream()) {
    return stream.map(r -> {
      Activity activity = new Activity(r.getValue(EVENTS.NAME));
      activity.setEventName(r.getValue(TICKETS.ID));
      activity.setEventName(r.getValue(EVENTS.NAME));
      ...
      return activity;
    }).toList();
  }
 }
}
```

　上記はJavaのライブラリJOOQ[注2.8]を利用した例ですが、CQRSの考え方は言語やライブラリ
を限定したものではありません。既存のクラスを流用するのではなく、表現したい読み込みのモ
デルをダイレクトに作成する責務を独立したクラスに持たせる、ということです。これにより、
アクティビティの依存関係がシンプルになり、テストも容易になります。

```
class ActivityServiceTest {
 @Test
 void testGetActivities() {
    ...
   List<Activity> activities = activityService.getActivity(user);
   assertIterableEquals(expected, activities);
   ...
 }
}
```

注2.8　https://www.jooq.org/

第3章　小規模かつ可逆的な変更を頻繁に行う

第3章 | 小規模かつ可逆的な変更を頻繁に行う

クラウドネイティブなアプリケーションは、さまざまな変更を、頻繁に、自信をもって行うことができると述べました。

そのために重要なのは、大規模で不可逆な変更を加えるのではなく、小規模かつ可逆的な変更を積み重ねることです。いつでもロールバックできる小さな変更であれば、頻繁に、自信をもって行うことができるでしょう。

本章では、そのために必要なプラクティスとパターンを紹介します。

継続的インテグレーション

継続的インテグレーションや継続的デリバリー、すなわちCI/CDはすでに実践しているという読者も多いのではないでしょうか。CI/CDは、開発したコードを本番環境に反映させる手続きを自動化します。

「小規模かつ可逆的な変更を頻繁に行う」という観点で、代表的なものがこのCI/CDでしょう。しかし、CI/CDは効果的に実践するのが難しいプラクティスでもあります。ここではCI/CDがどういうものだったか、振り返ってみましょう。

みなさんが手元のエディタでコーディングしたとして、その変更はどのように本番環境にデリバリーされるのが理想でしょうか。

CI/CDの目的は、開発に集中できる状況を作ることにあります。つまり、開発者がコードをリポジトリのメインラインにチェックインしたら、あとは信頼できるデリバリーのプロセスが自動的にコードをテストして本番環境へデリバリーしてくれる、という状況を作りたいわけですね（図3.1）。そうすれば開発者は、その結果がどうなったか気を揉むことなく、コードの開発に戻ってまたチェックインできます。これを実現するのがCI/CDです。

25

第1部 運用を効率化する

図3.1：CI/CD

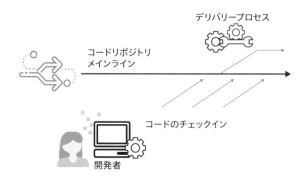

　世の中にはCIツールと呼ばれるツールやサービスが存在します。JenkinsやAWS CodeBuildが挙げられるでしょう。しかし、単にツールを使って自動化を進めただけでは、このようなCI/CDが実現できないことも多いのです。
　そこで、まずCI、継続的インテグレーションについて考えてみましょう。
　継続的インテグレーションとは、「コードのリポジトリにチェックインされたコードを継続的にインテグレーションし、正しく動く状態を保ち続ける」という開発上のプラクティスです（図3.2）。

図3.2：継続的インテグレーション

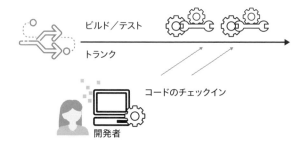

　「正しく動く」が何を指すかは、プロジェクトの性質や開発のフェーズ（初期段階か保守フェーズかなど）により異なります。コンパイルエラーにならない、静的解析をパスして品質上問題ない、ユニットテストが通ることでバグの検出が行われている、などさまざまな定義があるでしょう。一般的にはJenkinsやAWS CodeBuildなどのCIツールにより「正しく動いているか」がチェックされます。
　ここでとくに注目したいのは、「インテグレーション」という言葉です。日本語でいえば「統合」となるわけですが、これはどういう意味でしょうか。
　たとえば、プログラムのコンパイル、リンクがなされれば複数のソースファイルが「統合」され

第3章　小規模かつ可逆的な変更を頻繁に行う

ているわけですね。この定義であれば、CIツールでプログラムをビルドできているなら継続的インテグレーションが実践できていると言えます。

　しかし、継続的インテグレーションの文脈ではもっと広い意味で「統合」という言葉を使っています。すなわち、コードベースの統合です。

　このことをより深く理解するために、コードベースの管理について掘り下げてみましょう。

　近年のアプリケーション開発では、一般的にGitのようなソースコード管理（Source Control Management、SCM）ツールが利用されています。

　一般的なSCMツールには、ソースコードを分岐したりマージしたりする「ブランチ」のしくみがあります。チームでアプリケーションを開発している場合、自身の作業内容が他者の作業内容に影響しないよう、このブランチを活用して開発が行われていることがほとんどでしょう。

　ブランチをどのような目的で作成し、いつ、どのようにマージするかという戦略を「ブランチ戦略」といいます。

　ブランチ戦略にはいくつか既存のパターンがあります。有名なパターンとしては、Git Flow[注3.1]やGitHub Flow[注3.2]が挙げられるでしょう。しかし、これらのパターンが目下開発しているソフトウェアにマッチしているとは限りません。

　たとえば、「develop」という名前の長命なブランチが「main」ブランチと並行して維持されている場合、多くのケースで「Git Flow」の影響を受けています。しかし、「develop」ブランチは本当に必要でしょうか。

　「develop」ブランチは、「本番環境に変更をなるべく加えたくない」というケースで採用されます。たとえば、本番環境には「main」ブランチをデプロイし、開発や検証に長期間かかる機能は「develop」ブランチで管理するというようなものです。ただ、後述しますが、そのようなケースであっても、ブランチを作らず開発する方法はあります。

　長命なブランチにはほかにも、開発に数ヵ月かかるような大きな機能を本番影響なく開発するためのフィーチャーブランチ（図3.3）や、開発環境、ステージング環境、本番環境など環境ごとにコードベースを分岐させるための環境ブランチ（図3.4）などがあります。

注3.1　https://nvie.com/posts/a-successful-git-branching-model/
注3.2　https://docs.github.com/ja/get-started/using-github/github-flow

図3.3：フィーチャーブランチ

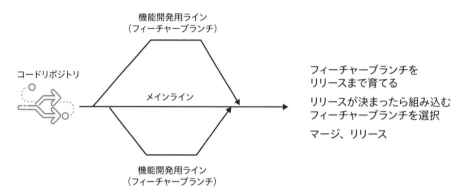

図3.4：環境ごとのブランチ

　後述しますが、こうした長命なブランチが増えれば増えるほど、リリースのプロセスは複雑になり、コードベースのマージにかかる工数や不整合も増えていきます。
　このような状態は、コードベースの観点からは統合、つまりインテグレーションされた状態ではありません。継続的にインテグレーションされた状態を維持するには、長命なブランチを最小限に抑える必要があります。

トランクベース開発

　トランクベース開発は、上記の考え方に沿って、長命なブランチを「トランク」（Gitでは「main」ブランチとされることが多い）1つに限定する開発手法です。日常の開発はすべてこのトランク上で行い、ブランチの利用は短命なものに限定します。
　たとえば、プルリクエストを作成し、そこでコードレビューなどを実施し、終わったらすぐにトランクにマージするということはあるでしょう。しかし、ブランチを長期間維持することはありません。
　トランクベース開発は、クラウドネイティブなアプリケーションに求められる「小規模かつ可

逆的な変更を頻繁に行う」ためには必須といっていいほど重要です。そもそも、継続的インテグレーションとはコードを頻繁にトランクにマージすることを指しているので[注3.3]、前提としてトランクベース開発があるとも言えるでしょう。

一方で、長命なブランチを多く活用するGit Flowや環境ブランチ、フィーチャーブランチといったブランチ戦略を採用していると、継続的インテグレーション自体が難しくなります。

これには大きく分けて2つ理由があります。

- リリースの安全性が損なわれる
- リファクタリングが難しくなり、技術的負債が積み上がる

まず、「リリースの安全性が損なわれる」とはどういうことでしょうか。

長期に維持されるブランチが増えれば増えるほど、マージにかかる工数や不整合も増えていきます。大規模なコンフリクトが発生して対処に苦しんだ経験を持つ開発者の方も多いのではないでしょうか。

また、マージの際に発生する不整合はコンフリクトだけではありません。

たとえば、あるメソッドの中身がフィーチャーブランチで変更されていたとします。その変更に気づかず、別のフィーチャーブランチでそのメソッドを呼び出すよう修正した場合、両者がマージされるとどうなるでしょうか。コンフリクトがなかったとしても、挙動としては不整合が発生するでしょう（図3.5）。ブランチの寿命が長くなるほどこのような不整合は増えていき、検出、解消が難しくなります。

図3.5：コンフリクトは発生しないが不整合が発生する

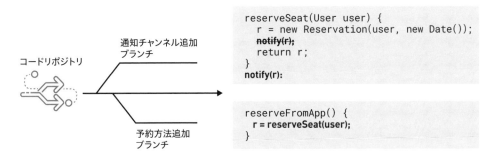

さらに、フィーチャーブランチの多くは、機能を本番にリリースするタイミングでメインブランチにマージされます。そのため、リリース間近に多くの不整合が発生することになります。「新

注3.3　AWSの継続的インテグレーションのページでは「開発者が自分のコード変更を定期的にセントラルリポジトリにマージし、その後に自動化されたビルドとテストを実行するDevOpsソフトウェア開発の手法」とされています。
https://aws.amazon.com/jp/devops/continuous-integration/

機能のリリースは利用者が少ない夜間や休日に行う」という運用も多いのですが、これはリリースが不安定なこともその一因です。本来は、不足の事態が発生したときに対処できる要員を確保しやすい、平日の営業時間がリリースに適しているのではないでしょうか。

このような不整合に対処するには、頻繁にコードをマージし、自動テストにより正しく動いていることを検証し続けるトランクベース開発と継続的インテグレーションが有用です。

次に、「リファクタリングが難しくなり、技術的負債が積み上がる」について考えてみましょう。

リファクタリングではクラス名を変更したり、インターフェースを抽出したり、メソッドを移動したりします。当然、そのような変更を知らない別のブランチがあった場合、マージに伴うコンフリクトが多くなります（図3.6）。

図3.6：リファクタリングに伴うコンフリクト

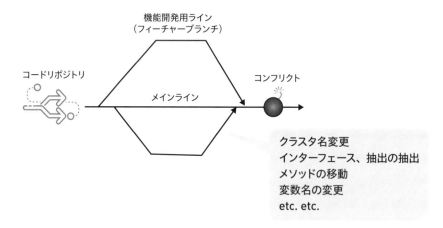

一時的に開発を止めて大規模にリファクタリングをすることも考えられますが、「小規模かつ可逆的な変更を頻繁に行う」ということはできなくなります。トランクベース開発でないと、技術的な負債が積み上がる環境になりやすいということです。

継続的インテグレーションに必要なプラクティス

トランクベース開発はクラウドネイティブな開発で非常に重要なものであり、継続的インテグレーションの鍵となるものですが、実際に導入するには以下のようなプラクティスが必要になります。

- **信頼できる高速な自動テスト**：正しく動くかどうかがすぐにわからないと、頻繁にトランクにチェックインできない

第3章　小規模かつ可逆的な変更を頻繁に行う

- **小さいチャンクでの機能開発**：大きな機能を小さい変更に分割しなければ頻繁にトランクにチェックインできない
- **デプロイとリリースの分離**：機能のデプロイと機能のリリースが分離されていないと頻繁にトランクにチェックインできない

　ここからは、継続的インテグレーションの前提となるトランクベース開発のために必要なプラクティスを見ていきましょう。

○ 信頼できる高速な自動テスト

　継続的インテグレーションの重要なプラクティスに「検証が失敗したら即、開発を止めて修正する」というものがあります。「常に動く状態を保ち続ける」というのが継続的インテグレーションの原則だからです。

　しかし、トランクベース開発でない場合、このプラクティスが無視されがちです。たとえばフィーチャーブランチでの開発作業は、トランクにマージされるまで本番環境にデプロイされません。ビルドが壊れても本番環境には影響しないため、ビルドエラーを放置することに繋がります。いつエラーに対処するかというと、開発が完了して、トランクにマージする直前です。デプロイ前にQAチームにより手作業で品質保証を受け、その結果を受けて修正するという運用が常態化している場合もあります。これは継続的インテグレーションではありません。

　一方で、トランクベース開発では、「テストが失敗したら即、開発を止めて修正する」というプラクティスがある程度強制されます。コードをチェックインした結果が即、他の開発者に共有されたり、検証環境にデプロイされたりするため、壊れたビルドの影響が大きくなるからです。

　このようなテストに対する重要性の違いから、トランクベース開発の導入が難しくなることがあります。非トランクベースの開発ではトランクへのマージが低頻度です。そのため、マージの際に時間のかかる結合テストやUXテスト、手作業のリグレッションテストも実行できるでしょう。

　一方で、毎日何回もトランクにコードをマージする場合、そのような長大なプロセスは実行できません。自然とテストの高速化、自動化と信頼性の向上のための次のようなプラクティスが重要になってきます。

- マニュアルテストや結合テストの割合を減らし、ユニットテストの割合を増やす。ユニットテストが外部システムに依存しているのであればモックに置き換える
- 開発者が手元の環境でテストできるようにし、コードをPushする前に気軽に検証できるようにする
- テスト環境をコンテナで用意するなど、テスト実行の度に新しい環境を利用する。これにより

第**1**部 運用を効率化する

テストを並列で実行できるようにする

　こうしたことから、継続的インテグレーションの導入にあたってはまず、信頼できる自動テストの整備が必要です。テストの信頼性や自動化については、前章も併せて参照してください。

● 小さいチャンクでの機能開発

　トランクベース開発のためには、個々の変更の独立性も重要です。たとえば、ある変更Aが別の変更Bに依存している場合、変更Bがトランクに反映されるまで、変更Aもトランクに反映できないことがあります。このような依存関係により、トランクの頻繁な更新ができなくなっていきます。

　こうした観点で参考にできる考え方として、「INVEST」[注3.4]と呼ばれるものがあります。INVESTは機能開発における良いプロダクトバックログ（Product Backlog Item、PBI）の基準とされるもので、スクラムなどアジャイル開発の文脈でよく利用されます。

　具体的には、Independent（独立した）、Negotiable（交渉可能）、Valuable（価値のある）、Estimable（見積り可能）、Small（小さい）、Testable（テスト可能）の頭文字をとったものです。言い換えれば、機能開発の単位が複雑に依存しあっていたり、とても大きなものだったり、テスト可能になっていなかったりすると、頻繁にトランクにマージしてテストし続けることはできません。

　理想とされる大きさの基準はさまざまですが、スクラム開発の場合はスプリントの50%以内に完了できる大きさがよく推奨されるようです[注3.5]。そして、「完了」の定義を明確にしておくためには、Testableが満たされている必要があります。

　このようなバックログの整理により、頻繁にトランクへマージし続けて正しく動く状態を維持するという、継続的インテグレーションを実践できるようにします（図3.7）。

注3.4　https://www.agilealliance.org/glossary/invest/
注3.5　数時間以内が理想、という見解もあります。
　　　　https://trunkbaseddevelopment.com/deciding-factors/

図3.7：INVESTなバックログとブランチの運用

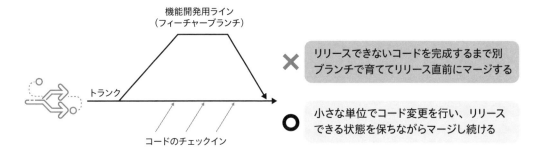

ところが、小さなチャンクでの開発を難しくするものがあります。それが「リリース」というものの複雑な要件です。

○ デプロイとリリースの分離

ある機能をいつ、どのようにリリースするかという要件には以下のようにさまざまなものがあり、開発が完了したからといってすぐリリースできるわけではありません。

- 特定日以降にリリース
  - TVや雑誌などのキャンペーンとの連動
  - プレスリリースやイベントでの発表
- 一部のユーザーのみにリリース
  - プライベートベータ
  - A/Bテスト
- リリースのキャンセル
  - 想定外のトラフィック
  - 致命的なバグ

それにもかかわらず、コードをマージしてデプロイしたらすぐにその機能がリリースされてしまうケースがよくあります。

この場合、コードのマージやデプロイのプロセスが複雑化します。つまり、トランクに機能がマージされないよう、フィーチャーブランチにコードを退避したり、本番環境にまだリリースできないコードが混ざらないよう、環境ごとのブランチを作って環境ごとに異なるコードベースをデプロイする、というようなプロセスが必要になります（**図3.8**）。

図3.8：デプロイとリリースの結合

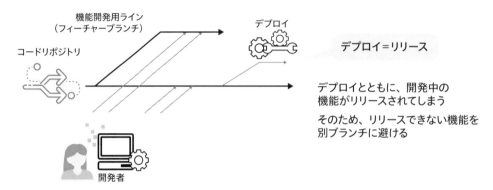

これは健全な状態ではありません。複雑なリリースの要件を満たしながら継続的インテグレーションを実践するには、デプロイとリリースを分離する必要があります。そこで利用される技術が、「Continuous Configuration (CC)」です。

Continuous Configuration

Continuous Configurationは、アプリケーションをデプロイしたり再起動したりせずに、要件に応じて挙動を柔軟に変更できるようにします。

実現方法はさまざまですが、たとえば以下のようにアプリケーションコードでリリースしたいコードのオンオフを制御できるようにしておきます。

```
viewPage() {
  if (featureFlag.isFeatureOneEnabled()) {
    // 新機能の実装
  }

  return;
}
```

そして、このようなオンオフは、設定を保持、更新できるサーバーやサービスを用意し、そこから定期的に取得して動的に更新できるようにしておきます。

```
// 別スレッドで定期的に実行する
updateConfiguration() {
  // リモートサーバーから機能のオンオフ設定を取得
  bool featureOne = getConfigurationFromServer();
  featureFlag.setFeatureOneEnabled(featureOne);
}
```

このような機能オンオフの設定は機能フラグ[注3.6]と呼ばれます。このように機能のリリースを動的なフラグで管理しておけば、リリースのためにブランチを分けたり複雑なリリースプロセスを導入する必要がなくなります。

機能フラグは環境ごとに設定できるので、たとえば検証環境で機能フラグをオンにして検証し、承認が下りたら本番環境のフラグをオンにしてリリースする、ということもできます（図3.9）。

図3.9：機能フラグを利用したリリースの管理

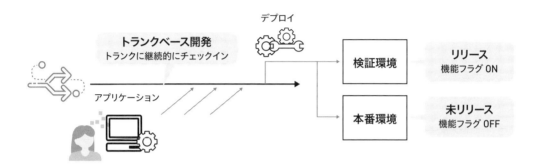

このように、デプロイとリリースを分離することが継続的インテグレーションでは重要です。

○ リリースブランチ

継続的インテグレーションを実践してメインのブランチが高品質に保たれていても、実際のリリースプロセスに数週間を要することもあるでしょう。

たとえば、専任のチームによる検証が必須で、その作業にある程度の期間が必要になるケースが考えられます。自動テストがまだ充実していなかったり、アプリケーションの性質上、検証作業の自動化が難しいというケースもあるでしょう。また、さまざまなステークホルダーとの調整や承認フローに時間を要することも珍しくありません。その間、トランクにバグフィックス以外のコード変更が許されないこともあります。

このような場合、リリースブランチを導入することで継続的インテグレーションを導入しつつ、リリースの安定化のための時間を確保できます。

リリースブランチはその名のとおり、リリース時にメインブランチのスナップショットを作成するためのブランチです。リリースが低頻度の現場では、リリースブランチでさまざまなリリースプロセスを行い、メインブランチで継続的インテグレーションを実施できます。

注3.6　機能フラグを管理するためのサービスもあります。
　　　　LaunchDarkly：https://launchdarkly.com/
　　　　AWS AppConfig：https://docs.aws.amazon.com/appconfig/latest/userguide/what-is-appconfig.html

リリースプロセスで何らかのバグフィックスが求められる場合、リリースブランチとメインブランチの双方に修正を加えたり、メインブランチでバグを修正してからその修正をリリースブランチにチェリーピックしたりします。

リリースブランチは、メインブランチにマージされることがないので、長命なブランチ運用で問題になりがちなコンフリクトや不整合の問題を回避できます（図3.10）。

図3.10：リリースブランチ

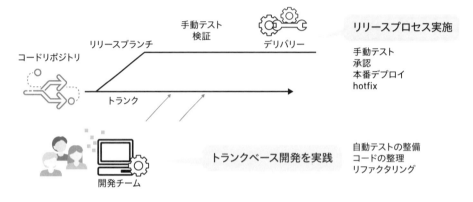

この状態から、自動テストの拡充や複数の環境へのデプロイなど、リリースプロセスの自動化を進めることもできます。そうすると、最終的にはリリースブランチが不要になったり、とても短命になったりします。そうなればトランクベース開発としては理想的ですね。

これは、継続的デリバリーが実践できている状態でもあります。つまり、継続的デリバリーとは、継続的インテグレーションが実践できていることを前提とした発展的なプラクティスだということです。

継続的デリバリー

継続的デリバリーとはなんでしょうか。たとえば、AWSのサイトでは下記のように説明されています[注3.7]。

> 継続的デリバリーとは、ソフトウェア開発手法の1つで、コード変更が発生すると、自動的に実稼働環境へのリリース準備が実行されるというものです。最新のアプリケーション開発の柱となる継続的デリバリーは、継続的インテグレーションを拡張したもので、すべてのコー

注3.7 https://aws.amazon.com/jp/devops/continuous-delivery/

ド変更が、ビルド段階の後にテスト環境または運用環境（あるいはその両方）にデプロイされます。

ここで、CI/CDがなんのためのものだったか、もう一度振り返ってみましょう。それは、開発者が開発に集中できる環境を作るためでした。開発者がメインのブランチにコードをチェックインしたら、あとは自動化のプロセスが内容を検証してデプロイを準備してくれます。こうすることで、開発者はすぐに開発に戻ることができるのです（図3.11）。

図3.11：信頼できる自動化されたデリバリー

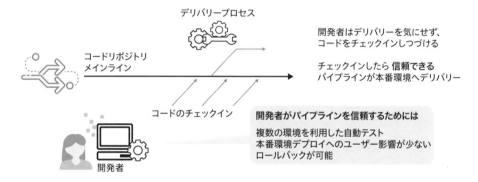

そのためには、トランクベース開発、継続的インテグレーションを前提にコードベースを信頼できる状態に保ちつつ、デプロイを安全に行えるようにする必要があります。たとえば、以下のようなデプロイパイプラインがあれば開発者は安心してコードをチェックインし続けることができるでしょう。

- テスト環境、ステージング環境など複数のプレ環境を用意して、それぞれの環境にデプロイしてから、環境ごとに適切な自動テスト、結合テストを実施する
- プレ環境でのテストが終わったら必要なステークホルダーから承認をもって本番環境にデプロイする
- 本番環境を分割し、段階的にデプロイすることで、デプロイの影響を受けるユーザーを少しずつ増やしていく
- 本番環境を常に監視し、閾値を超えたら自動的にロールバックする

また、「可逆的な変更」という観点では、デプロイした変更が安全にロールバックできるかどうかも重要です。デプロイした変更がロールバックできなくなる一般的な理由は、変更により互換性が失われることです。たとえば、データベースのスキーマを変更し、変更したスキーマに対応

第**1**部　運用を効率化する

するようアプリケーションの変更をデプロイするとします。ここで何らかの障害が発生した場合、加えた変更をロールバックしたいところです。しかし、アプリケーションをロールバックしても、データベースのスキーマやそこに書き込まれたデータはロールバックされないためエラーとなるでしょう。

継続的デリバリーでは、デプロイを安全に、かつ可逆的なものにすることで、開発者が信頼できるデプロイメントパイプラインを構築する必要があります。

このテーマについては、第7章「障害からの自動的な復旧を実現する」で詳説します。

また、AWSが公開している「Builder's Library」[注3.8]では、AWSやAmazonが自身のサービスをどのようにデプロイしているか、具体的な手法が紹介されています。とくに「安全なハンズオフデプロイメントの自動化」[注3.9]では継続的デリバリーについてさまざまなテクニックが公開されているので、ぜひご一読ください。

進化的なアーキテクチャ

ソフトウェアを取り巻く環境は常に進化しています。ビジネス、市場はもちろん、ソフトウェア開発という点だけに目を向けても、新しい技術や方法論がどんどん生まれています。

コンテナ技術やAWS Lambdaのようなサーバーレスの技術、そうした技術を前提にした新しいベストプラクティスなど、環境の進化に合わせて、ソフトウェアも迅速に進化させていくにはどうしたらいいでしょうか。

『進化的アーキテクチャ』[注3.10]という書籍で、この課題が詳しく取り上げられています。

そもそもアーキテクチャが進化するとはどういうことを指すのでしょうか。コンテナやKubernetesといった新しい技術が出てくればそれを採用し、サーバーレスが台頭してくればサーバーレスを採用する、そうした場当たり的な変更が「進化」ではないことは明らかです。

同書では、進化とは「漸進的で誘導的な変更を支援する」ことで発生するものだとしています。具体的には、アプリケーションがどのような次元で進化するべきかをまず定義し、小規模な変更を積み重ねながら理想的なアーキテクチャに誘導していきます。

たとえば、リクエストに対するレイテンシが非常にシビアな機能があったとしましょう。その機能においては進化の次元として、レイテンシが重要になります。レイテンシを低減させるためにアクセラレーターや特定のデバイスを必要としたり、常時接続が求められたりします。そのた

注3.8　https://aws.amazon.com/jp/builders-library/automating-safe-hands-off-deployments/
注3.9　https://aws.amazon.com/jp/builders-library/automating-safe-hands-off-deployments/
注3.10　Neal Ford、Rebecca Parsons、Patrick Kua著、島田浩二訳『進化的アーキテクチャ：絶え間ない変化を支える』オライリー・ジャパン、2018年

めに新しい技術やアーキテクチャを採用することになるでしょう。

しかし、このような場合、一般的にはスループットがトレードオフになります。Webアプリケーションの場合、多くのユーザーをホストするためスループットが進化の軸になることが多いのではないでしょうか。

進化的アーキテクチャでは、たとえばレイテンシやスループットを進化の次元として設定し、それらを自動テスト、監視、ドキュメントなどの形でアーキテクチャや使用する技術を選択する「前に」定義しておきます。

そうすることで、技術だけの視点に偏らない適切な進化が誘導されます。たとえば、開発初期は学習コストの観点で運用に慣れた仮想マシン（Amazon EC2）を採用するかもしれません。しかし、その時点で、それぞれの機能における進化の軸を決めておくのです。

そして、レイテンシが進化の軸であれば、新しい世代のインスタンスタイプやアクセラレーターを導入することでレイテンシの要件を満たしつつコストを削減する、という進化が考えられます。

スループットが進化の軸となる機能であれば、スループットに優れたAmazon SQSを利用し、イベント駆動のアーキテクチャを導入[注3.11]することで、スループットを伸ばしつつ回復力の優れたアプリケーションに進化させられます。

このような機能ごとの進化の軸の違いは、コンポーネントを分割して疎結合に組み合わせようという意思決定にも繋がるでしょう。

進化的アーキテクチャの考え方は、コードベースにおいても参考になります。たとえば「業務としてどんなロジックを実装するか」と「バックエンドにどんなデータベースやキャッシュサーバーを利用するか」は、異なる次元で進化します。それぞれ進化に適応するため、コード内でアーキテクチャを疎結合にし、バックエンドの実装を業務ロジックから隠蔽できます[注3.12]。

非機能要件だけでなく、循環的複雑度などのコード品質やテストカバレッジ、セキュリティ要件、新しいエンジニアがオンボーディングするために必要な期間など、アプリケーションにそのとき必要とされるさまざまなパラメータを進化の次元に設定できます。

こうすることで、アプリケーションの要件に沿ったアーキテクチャの進化を促すことができます。もちろん、進化を起こすには、本章で紹介してきた継続的インテグレーションや継続的デリバリーといったプラクティスが重要になるでしょう。

注3.11 https://aws.amazon.com/jp/serverless/patterns/eda/
注3.12 AWSのサイトで、この観点でAWS Lambdaでのコードを疎結合にする例が紹介されています。
https://aws.amazon.com/jp/blogs/news/developing-evolutionary-architecture-with-aws-lambda/

第1部 運用を効率化する

小規模かつ可逆的な変更を頻繁に行うためのアーキテクチャパターン

それでは、小規模かつ可逆的な変更を頻繁に行うためのプラクティスを具体的に確認していきましょう。

○ Continuous Configuration によるリリース管理

Continuous Configurationは、先述のとおり、アプリケーションの挙動を動的に変更する戦略です。

たとえばAmazon.comでは「プライムデー」という大規模なセールを実施しており、開催期間中はトラフィックが急増します。このようなイベントでは、特定の機能を有効化・無効化したり、トラフィック急増のためアプリケーションのロジックを調整して対応したりする必要があります。

その際、Amazonではプライムデーの開催と同時にコードをデプロイしているわけではなく、AWS AppConfigという設定管理のサービスを利用して動的にアプリケーションの挙動を変更できるようにしているケースがあります[注3.13]。

ここでは、AWS AppConfigでContinuous Configurationを導入し、Ticket Storeの新機能リリースを管理する例を見てみましょう。

Ticket Storeでは、4週間ごとにアプリケーションをリリースしています。承認を受けた機能をメインブランチにマージしてデプロイします。

さて、Ticket Storeでは、次回リリースで新しくキャンペーン機能を追加することとしました。キャンペーンにエントリしておくと、イベントのチケットが割引価格で購入できます。

これまで、フィーチャーブランチ上で開発を進めており、リリース日の一週間前に品質保証（QA）用のブランチにマージして検証していました。検証中はコードがフリーズされます。コードがインテグレーションされるのは4週間に一度で、継続的インテグレーションは実践されていません。

そこで、機能フラグにより、メインブランチにマージし続けながら、任意のタイミングで機能をリリースできるようにします。機能フラグをContinuous Configurationで動的に切り替えられるようにするわけですね。

AppConfigでは、機能フラグの動的な設定を実現できます。たとえば、キャンペーンへのエントリページを表示するコードで、以下のようにフラグを設定しておきます。

```
public class CampaignEntryController {

    ....
```

注3.13 https://aws.amazon.com/jp/blogs/news/aws-appconfig-scale-for-large-events-prime-day/

```
private FeatureFlag featureFlag;

// キャンペーンエントリページを表示する
public void viewEntryPage() throws InterruptedException {
  ...
  // 機能フラグをチェック
  if (featureFlag.isCampaignEnabled()) {
    // キャンペーンページを表示
    view("entry.html")
  } else {
  // 404 Not Found を表示
    error(404)
  }
}
 ...
}
```

　機能フラグは、以下のようにアプリケーションで定期的に確認します。AppConfigには公式のエージェントが用意されており、機能フラグのキャッシュやポーリング間隔の設定など、ベストプラクティスに沿ってAppConfigを利用してくれます（図3.12）。アプリケーションからはローカルで動いているエージェントから値を取得するだけです。

図3.12：AppConfigからの機能フラグ取得

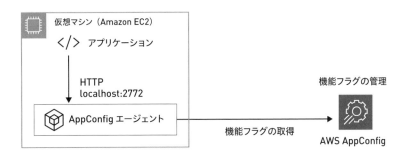

```
public class FeatureFlag {
  public Boolean isCampaignEnabled() throws Exception {
     // デプロイ先の環境 (Dev / QA / Production / etc.) の取得
     String env = Environment.get();

     // 機能フラグ取得先の URL
     URL url = new URL("http://localhost:2772/applications/EventStore/environments/+"
+ env + "/configurations/Campaign?flag=enabled");
```

```
    // 機能フラグの取得
    HttpURLConnection con = (HttpURLConnection) url.openConnection();
    con.setRequestMethod("GET");
    StringBuilder content;
    try (BufferedReader in = new BufferedReader(new InputStreamReader(con.getInputSt
ream()))) {
        content = new StringBuilder();
        int ch;
        while ((ch = in.read()) != -1) {
            content.append((char) ch);
        }
    }
    con.disconnect();
    return Boolean.valueOf(content);
  }
}
```

このようにしておけば、あとはAppConfigの画面（図3.13）やAPIで機能をいつでもリリースできます。

図3.13：AppConfigの機能フラグ管理画面

また、環境ごとに機能フラグを設定できる（図3.14）ほか、機能フラグをすべてのクライアントにデプロイするのではなく、少しずつデプロイするクライアントを増やしていくなどのデプロイ戦略も設定できます（図3.15）。

第3章　小規模かつ可逆的な変更を頻繁に行う

図3.14：AppConfigの環境管理画面

図3.15：AppConfigのデプロイ画面

　アプリケーションをデプロイする場所は、仮想マシン、コンテナ、サーバーレス（AWS Lambda）を問いません。基盤技術と切り離して機能のリリースを管理できます。

　このパターンを見ると、機能フラグを導入することの注意点も明らかになります。まず、ソースコードに、業務のロジックとは直接関係のないif文があります。これは可読性を落とすとともに、

43

第**1**部　運用を効率化する

時間が経つにつれ、新規開発者にとって理解の妨げになったり、デバッグを難しくしたりします。また、誤ってフラグを操作することで障害につながることもあります。

リリース管理に使用する機能フラグは、短期的なフラグとしてマークして、必ずクリーンアップするようにします。

```
// キャンペーンエントリページを表示する
public void viewEntryPage() throws InterruptedException {
  ...
  // 機能フラグのロジックを削除
  view("entry.html")
}
```

このクリーンアップ作業はしくみがないと実施されないことも多いので、機能フラグを追加した時点で、フラグの削除もプロジェクトのバックログに追加してしまうのがいいでしょう。また、AppConfigには、機能フラグを短期フラグとしてマークし、廃止日を設定してコンソール上で確認できるようにする機能[注3.14]があります。

● 抽象化によるブランチ

抽象化によるブランチは、機能フラグと同様、時間のかかる変更を小さなチャンクで実施できるようにする技法の1つです。

機能フラグは、新しい機能を追加するときによく利用されます。一方で、アプリケーションのさまざまなところで呼び出される実装を変更したい場合はどうでしょうか。たとえば、ORマッパを別のライブラリに変更したい、通知機能をマネージド型サービスを使った新しい実装に変更したい、といったケースです。

ここで、ブランチを作成してORマッパや通知実装を変更していくと、作業を完了させブランチをマージするまで多くの時間を要し、トランクベース開発や継続的インテグレーションの実践が難しくなります。

しかし、該当箇所すべてに機能フラグを追加していくことは保守性を低くしますし、現実的ではありません。このような場合、「抽象化によるブランチ」という技法と機能フラグを組み合わせる[注3.15]ことで小さなチャンクでの開発を実現する方法があります。

「抽象化によるブランチ」は、その名のとおり、コードの分岐（ブランチ）をGitなどのSCMではなく、プログラミングコードの抽象で実現するというパターンです。

Ticket Storeでは、イベントが公開されたり、新機能が公開されたりしたときに、希望する全ユー

注3.14 https://aws.amazon.com/jp/about-aws/whats-new/2023/01/aws-appconfig-tracking-stale-feature-flags-code-hygiene/

注3.15 https://docs.aws.amazon.com/prescriptive-guidance/latest/modernization-decomposing-monoliths/branch-by-abstraction.html

ザーにメールで通知する機能があります。

今まで同期的にメールを送信していましたが、Ticket Storeの認知度が増えてくるにつれ、ユーザー数も増加したため、よりスケールする構成が必要になったとしましょう。Amazon SQSとAWS Lambdaを使って非同期に通知するよう変更したいところです（図3.16）。

図3.16：通知実装を非同期に変更してスケーラブルにする

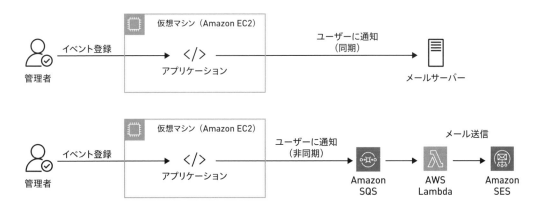

抽象化によるブランチは、以下のステップで変更を段階的に実施します。

❶変更したい部分の実装を特定する
❷その実装を含む抽象化レイヤを作成する
❸既存の実装を利用している部分を、抽象化レイヤの呼び出しに変更する
❹新しい実装を作成してテストする
❺抽象化レイヤで、既存の呼び出しを新しい実装に切り替える。ここで、機能フラグを利用できる
❻既存の実装がすべて抽象化レイヤを呼び出すようになるまで少しずつ変更する
❼古い実装が利用されなくなったら、機能フラグや古い実装を削除する

実際の現場では、さまざまなバリエーションがあるパターンですが、Ticket Storeでは上記のステップで、通知処理の変更を少しずつ行うようにしてみましょう。

```
class EventController {
  // イベントの公開処理
  public void publish() {
    ...
    // 新しいイベントが公開されたことをユーザーに通知
    sendEmail(subscribedUsers, message);
  }
}
```

第**1**部 運用を効率化する

上記の実装を、抽象レイヤを挟んで呼び出すようにします。

```
public interface NotificationService {
  void notify(List<User> users, String message);
}

public class BranchNotificationService implements NotificationService {
  public void notify(List<User> users, String message) {
    sendEmail(users, message);
  }
}

class EventController {

  // BranchNotificationService を利用する
  private NotificationService notificationService;

  // イベントの公開処理
  public void publish() {
    ...
    // 新しいイベントが公開されたことをユーザーに通知
    notificationService.notify(subscribedUsers, message);
  }
}
```

ここでコミットして、結合テストを行いビルドが壊れていないことを確認します。問題なければ、非同期で通知する実装を作成します。

```
public class AsyncNotificationService implements NotificationService {
  public void notify(List<User> users, String message) {
    // SQS に送信する実装
    sendMessagesToSQS(users, message);
  }
}
```

ここで、結合テストとともにコミットし、上記の実装が動作することを確認します。トランクにマージしますが、上記の実装は結合テスト以外からは呼ばれていないため、サービス影響はありません。

次に、実際に上記の非同期通知の実装を呼び出すようにします。ここでは、機能フラグを利用できます。

```
public class BranchNotificationService implements NotificationService {

  private AsyncNotificationService asyncNotificationService;

  public void notify(List<User> users, String message) {
```

46

```
    if (featureFlag.isAsyncNotificationEnabled()) {
      asyncNotificationService.notify(users, message);
    } else {
      sendEmail(users, message);
    }
  }
}
```

　上記をコミットしてデプロイします。機能フラグをAWS AppConfigなどで管理し、古い実装（同期的な実装）が利用されるようにします。開発環境、品質保証（QA）環境、本番環境と段階的に機能フラグをオンにし、非同期の実装に切り替えながら検証します。問題が発生した場合は、すぐに機能フラグをオフにして古い実装に戻すことができます。

　新しい非同期の実装が期待どおりリリースできれば、機能フラグを利用する実装から、新しい実装へ呼び出し元を変更できます。

```
class EventController {

  // AsyncNotificationService を利用する
  private NotificationService notificationService;

  // イベントの公開処理
  public void publish() {
    ...
    // 新しいイベントが公開されたことをユーザーに通知(非同期の実装が利用される)
    notificationService.notify(subscribedUsers, message);
  }
}
```

　上記の手順を繰り返し、メールで同期的に通知する処理がすべて新しい実装に切り替わったら、機能フラグを使って古い実装を呼び出すBranchNotificationServiceを削除できます。

　ご覧のとおり、このパターンはステップが多く開発のオーバーヘッドは少なくありません。ORマッパの変更、基盤技術の変更など、呼び出し箇所が多く、ブランチに切り出して作業すると完了までに長い時間がかかるときに利用するとよいでしょう。

第 **1** 部 運用を効率化する

第 **4** 章 セキュリティを作り込む

クラウドネイティブなアプリケーションにおいてもセキュリティは重要な問題です。

本章では、クラウド側にセキュリティの分担を移譲したり、脅威モデリングによりアーキテクティングの時点からセキュリティを作り込むことで対策コストを抑える手法を紹介していきます。

責任共有モデルとクラウドのセキュリティ

第1章「責任共有モデルを意識してアーキテクチャを選択する」では、クラウドにおける責任共有モデルの重要性を強調しました。セキュリティについても、もっとも重要なのは、責任共有モデルを意識することです。

クラウドサービスを活用することが前提のクラウドネイティブアプリケーションは、クラウド提供者とクラウド利用者でセキュリティ対策を分担できます。

たとえばAWSの責任共有モデル[注4.1]では、ハードウェアや仮想化レイヤをAWSの責任範囲としています。そのため、クラウドの利用者はその部分のセキュリティとコンプライアンスをAWSに任せることができます。

そして、アーキテクチャの選択次第でクラウド提供者の責任範囲をどんどん大きくできます。

たとえば、仮想マシンでJavaアプリケーションを運用している場合、その仮想マシンのセキュリティ、つまりパッチ適用やOSの設定をクラウドの利用者が実施することになります。しかし、コンテナでアプリケーションを構築し、サーバーレスのコンピューティングサービスであるAWS Fargateで運用すると、クラウド利用者の責任範囲を小さくできます。Fargateの責任共有モデルでは仮想マシンやコンテナを動かすためのエージェントがAWSの責任範囲に設定されており[注4.2]、クラウドの利用者がこれらのセキュリティを担保する必要はありません（**図4.1**）。

注4.1　https://aws.amazon.com/jp/compliance/shared-responsibility-model/

注4.2　https://docs.aws.amazon.com/ja_jp/AmazonECS/latest/bestpracticesguide/security-shared.html

48

図4.1：AWS Fargateの責任共有モデル

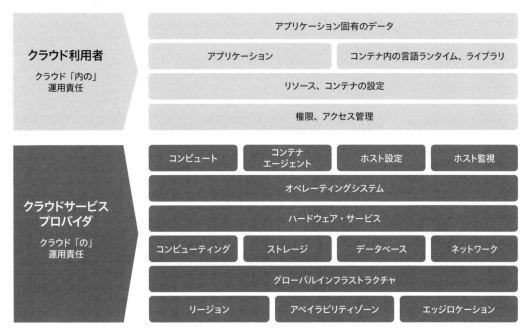

　さらに、サーバーレスでコードを実行できるAWS Lambdaを選択した場合は、Javaのような言語ランタイムもAWSの責任範囲となります[注4.3]。利用者でセキュリティを担保する部分は、コードとライブラリ、およびコードの実行に必要なリソースの設定と権限管理のみです（図4.2）。

注4.3　https://docs.aws.amazon.com/ja_jp/whitepapers/latest/security-overview-aws-lambda/the-shared-responsibility-model.html

図4.2：AWS Lambdaの責任共有モデル

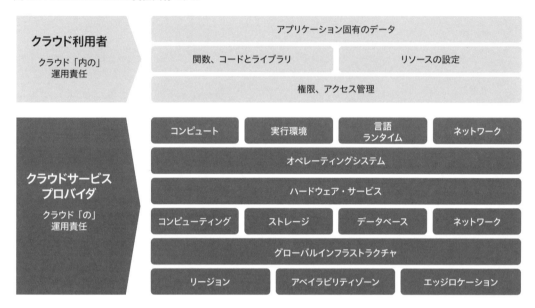

なるべくクラウド提供者の責任範囲を大きくするようアーキテクチャを選択することで、セキュリティ対策にかける時間とコストを抑えることが重要です。

疎結合なアプリケーションのセキュリティ

クラウドネイティブなアプリケーションとは「信頼性のあるコンポーネントを疎結合に組み合わせる」というものでした。このクラウドネイティブな性質は、セキュリティを作り込む際にも重要です。

まずコンポーネントの中のセキュリティを考え、そしてコンポーネント間のセキュリティ、つまりどのようにデータが送受信され、どのように権限の設定がされているのかを考えます。たとえば、AWS Lambdaでイベントを送受信するシンプルなアプリケーションを考えてみます（図4.3）。

図4.3：AWS Lambda を利用したイベント駆動アプリケーション

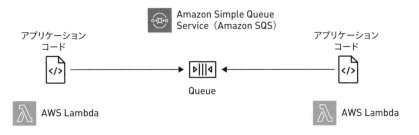

まず、責任共有モデルにおいて、どの部分のセキュリティ対策が必要になるかを把握します。AWS Lambdaの責任共有モデルでは、コードや取り扱うデータ、コンポーネント間の権限設定はクラウド利用者でセキュリティを確保する必要がありますね。

たとえば、それぞれのコードの中で、どのようなデータを取り扱っているかは重要です。個人情報を取り扱っているなら、データにアクセスできるシステムや関係者を厳しく制限する必要があるでしょう。

コンポーネント間のセキュリティでは、AWS Lambda関数とキューの間のアクセス権限に注目するのではないでしょうか。AWS Lambda関数がAWSアカウント内のあらゆるキューにアクセスできると、コードに脆弱性があった際のリスクが大きくなります。

また、コード自身のセキュリティはどうでしょうか。コードがどのように構成され、デプロイされるかというサプライチェーンをチェックする必要があります。

- 脆弱性のあるライブラリの利用
- コードが改ざんされていないことの確認
- コードリポジトリやデプロイフローのセキュリティ

AWSでは、Amazon Inspectorという脆弱性管理のツールを使ってLambdaで実行されているコードに脆弱性がないかスキャンしたり[注4.4]、コードに署名することで改ざんされていないことを保証したり[注4.5]できます。

このように、クラウドネイティブなセキュリティ対策ではコンポーネントとコンポーネント間のつながりに注目することで、どの部分にどのようなセキュリティ対策が必要なのか把握できます。これをアプリケーション全体を俯瞰しながら体系的に実施できるのが「脅威モデリング（Threat Modeling）」と呼ばれる手法です。

注4.4　https://docs.aws.amazon.com/ja_jp/inspector/latest/user/scanning-lambda.html
注4.5　https://docs.aws.amazon.com/ja_jp/lambda/latest/dg/configuration-codesigning.html

第 **1** 部　運用を効率化する

脅威モデリング

　脅威モデリングでは、対象のシステムにどのような悪いことが起こり得るか、またそれに対してどのように対処するべきか明確にするための構造化された手法です。アプリケーションにどのようなセキュリティ上の脅威があり、それらの脅威をどう軽減するかを文書化できます。

　AWSでは、脅威モデリングの実施を、セキュリティに関するベストプラクティスの1つ[注4.6]として紹介しています。

　脅威モデリングは、新しいアプリケーションを設計した際や、既存のアプリケーションの設計を変更した際などに継続的に実施します。脅威モデルがあることのメリットはまさにここにあります。つまり、設計段階からセキュリティ上の課題を特定できる、ということです。

　こうした早い段階でセキュリティについて考慮する考え方は、「セキュリティ・バイ・デザイン」や「セキュリティのシフトレフト」といった呼び名でよく知られています。

　情報処理推進機構 (Information-technology Promotion Agency、IPA) は、運用時のセキュリティの対策コストは設計時のそれと比べて100倍になるとしています[注4.7]。

　「アプリケーションが直面するであろうセキュリティ上の課題にどう対処するか」という戦略をシステムの設計段階から策定することで、開発中、運用中の場当たり的なセキュリティ対策や、大幅な手戻りのリスクが少なくなります。

　さらに、セキュリティ上の要件を正しく理解でき、セキュアなアプリケーションを構築するために何をする必要があり、何をする必要がないのかを明確にできます。

　脅威モデリングにはさまざまな手段がありますが、ここでは以下の「Shostackの4つの質問」[注4.8]から始めるものを紹介します。

- What are we working on?：何に取り組んでいるか
- What could go wrong?：どんな問題が起こりうるか
- What are we going to do about it?：問題に対してどう対処するか
- Did we do a good job?：対処が適切だったか

○ What are we working on?：何に取り組んでいるか

　この質問は、現在構築中のシステムと、セキュリティの観点から見たシステムの詳細を理解するためのものです。そのためにはアーキテクチャ図やダイアグラムによるシステムのモデリングが有用です。本書ではDFD (Data Flow Diagram、データフロー図) を紹介します。

注4.6　https://docs.aws.amazon.com/ja_jp/wellarchitected/latest/security-pillar/sec_securely_operate_threat_model.html
注4.7　https://www.ipa.go.jp/jinzai/ics/core_human_resource/final_project/2022/security-by-design.html
注4.8　https://github.com/adamshostack/4QuestionFrame

第4章 セキュリティを作り込む

この質問に答えることで、「何に対してセキュリティを考えるべきか」というように対象を絞ることができ、本来、検討しなくていいことに時間を割かなくてすみます。

○ What could go wrong?：どんな問題が起こりうるか

ここでは、上記で明確化したシステムに対しどのような脅威が考えられるか、という問いに答えます。脅威とは、意図するしないにかかわらず、望まない影響をシステムに及ぼし、セキュリティを侵害する恐れのある何らかの行動やイベントです。

そもそも、どんな脅威が考えられるのかわからなければ、セキュリティ対策のしようがありません。脅威が何かを考えるためにはさまざまな方法がありますが、本書ではさまざまなシステムに汎用的に利用できる便利なフレームワークである「STRIDE」を紹介します。

○ What are we going to do about it?：問題に対してどう対処するか

脅威を特定したら、それにどう対処するべきか検討しましょう。対処方法は大きく分けて、「対策を打って脅威のリスクを減らす」「リスクを避ける」「リスクをどこかに移す」「リスクを受け入れ、何もしないことを明示的に決定する」です。

○ Did we do a good job?：対処が適切だったか

上記のプロセスを振り返り、一連の脅威モデリングが適切だったか、他の人に自信を持って推奨できるかをレビューします。

▌ DFD (Data Flow Diagram) によるモデリング

「何に取り組んでいるか」という質問に答えるには、システム設計のダイアグラム、つまり図を描くことが有用です。

どんな図をどのように描くかという具体的な技術にはさまざまなものがありますが、正確性を重視しすぎないことが重要です。

ここで描く図は、脅威を特定するために実施されるもので、詳細を描きすぎるとその障害となります。図の作成は、その情報が新たな脅威を見つけるために必要なのか自問しながら進めるとよいでしょう。

脅威を特定するのに必要十分な情報が盛り込まれた図を作るためによく利用されるのが、DFD (Data Flow Diagram)、およびDFDを使ってシステムに関連する「コンポーネント」「データ」「ユーザー」「信頼性の境界」を表す、という手法です。

DFDは、システムを「コンポーネント間のデータの流れの集合体」としてモデリングするもので、

53

以下の3つを使って図を描くというシンプルなものです。

- **プロセス**：アプリケーションの処理、およびそれに伴うデータ転送
- **データストア**：データを処理、保存する場所
- **外部エンティティ**：ユーザー（マシンユーザー含む）などシステムと対話するエンティティ

具体的には、図4.4の部品を使ってシステムでのデータの流れを可視化します。

図4.4：DFDの構成要素

ここで重要な概念が「信頼性の境界」です。Webアプリケーションの場合、不特定ユーザーの接するWebブラウザと、データを処理するWebサーバーでは、信頼性に対する考え方が異なります。システムは一般的に、信頼性をゾーンで区切ることができます（図4.5）。

図4.5：信頼性の境界

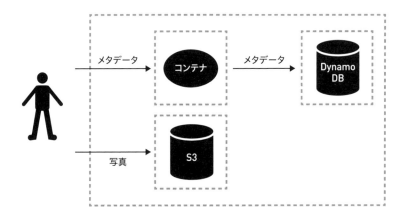

データの流れがこの信頼性の境界を跨ぐ場合はセキュリティ上の懸念が出てくる可能性が高いため、注意して脅威がないか確認する必要があることがわかります。

第4章　セキュリティを作り込む

STRIDEフレームワークによる脅威のリストアップ

　さて、DFDにより、「何に取り組んでいるか？」について答えることができました。次は、「どんな問題が起こりうるか？」を考える必要があります。ここでよく利用されるフレームワークが「STRIDE」です。

　STRIDEは、以下の各項目の頭文字をつなげたものです。

- Spoofing (なりすまし)：Authenticity (真正性) の侵害
  - 自分以外になりすますもので、たとえばシステム上で管理者を表すIDでアクセスすることで、管理者の権限を悪用するなどの脅威
  - 一般的には、認証を正しく実装することでリスクを軽減する
- Tampering (改ざん)：Integrity (完全性) の侵害
  - 意図されないプログラムやデータの変更で、たとえばライブラリの脆弱性を利用して任意のコードを送り込んだり、ビルドサーバーを攻撃してアプリケーションにコードを追加したりするもの
  - ライブラリにパッチを当てる、コードを実行する権限を絞る、インジェクションを防ぐなどでリスクを軽減する
- Repudiation (否認)：Non-repudiation (否認されないこと) の侵害
  - なんらかのアクションをユーザーが行ったにもかかわらず、「その操作をしていない」とするもので、悪意あるメッセージやファイルを送信しておいて「送信していない」と主張したりするリスク
  - 証跡の保全やデジタル署名など、なんらかの方法でアクションとユーザーを関連付けることでリスクを軽減する
- Information Disclosure (情報漏えい)：Confidentiality (秘匿性) の侵害
  - 意図しない経路や方法で個人情報などの秘匿性の高い情報を取得されてしまう脅威
  - 経路やストレージの暗号化、秘匿情報を永続化しない、認証認可の実装など、多層的な対策でリスクを軽減する
- Denial of Service (サービス拒否)：Availability (可用性) の侵害
  - サービスをダウンさせるもので、一般的にはプロセスのCPUやメモリ、ストレージ、ネットワークリソースを大量に消費させるなどの脅威
  - サービスが利用するクォータを適切に設定する、CDNを利用してエッジで処理を行いバックエンドのネットワークを守るなどでリスクを軽減する
- Elevation of Privilege (権限昇格)：Authorization (認可) の侵害
  - 許可されていないアクションを実施されてしまうもので、Tempering (改ざん) によりコード

55

第 **1** 部　運用を効率化する

やデータを変更したり、アプリケーションが想定していない入力データを送ることで管理者
権限を取得されたりする脅威

- Tempering (改ざん) の防止に加え、SELinux など例え強い権限に昇格されたとしてもでき
るアクションを制限できるような権限分離の技術によりリスクを軽減する

STRIDE は脅威を洗い出すための補助として利用します。STRIDE の各項目を念頭に入れなが
ら DFD 上のデータフローを見つめ直すことで、「どのような問題が起こりうるか？」を考えるこ
とができます。

実際に図4.5 の DFD を見直してみてください。矢印のデータフローについて、上記 STRIDE で
考えると、どのような脅威が考えられるでしょうか。

DFD に STRIDE を適用する手法として、「STRIDE per Element」があります。つまり、要素を
1つずつ見ながら、STRIDE に沿ってどのような脅威があり得るかをリスト化するという手法です。
図4.6 は、DFD 上の要素ごとにどの脅威が考えられるかを表したものです。

図4.6：STRIDE per Element

Element	S	T	R	I	D	E
External Entity	○		○			
Process	○	○	○	○	○	○
Data Flow		○		○	○	
Data Store		○	?	○	○	

STRIDE Reference Sheets」より引用
https://owasp.org/www-pdf-archive/STRIDE_Reference_Sheets.pdf

このステップで重要なのは、脅威をなるべく網羅的にリストアップすることです。たとえば、
AWS の Application LoadBalancer や API Gateway の認証機能、セキュリティグループなどの知
識があると、認証やファイアウォールによりなりすましや情報漏えいを防ぐことができるとわか
るために、そうした脅威を除外してしまうことがあります。

しかし、そのようにクラウドに備わったセキュリティ機能をもとにリストアップしようとすると、
機能を知らなかったり、機能ではカバーできない脅威を見落とす可能性があります。ここではあ
くまで「脅威」をリストアップすることに集中し、「対策」は次のステップで考えるようにします。

たとえば、コンテナで動作している「プロセス」を見てみましょう。「プロセス」では、STRIDE
のすべての要素が検討の対象になります。攻撃者が、コンテナで動いている「プロセス」になり
すましたり、改ざんしたりするには、どうすればよいでしょうか。

ビルド環境を攻撃してビルド元のソースコードを書き換えたり、利用している OSS のライブラ
リやベースイメージの脆弱性を利用するといった手法が考えられそうです。ほかにも、プロセス

が公開しているポートに直接アクセスし、認証していないユーザーがデータにアクセスできる、という方法も考えられます。

このように、それぞれの要素ごとに脅威をなるべく多くリストアップしてみましょう。

脅威への対策

脅威がリストアップできたので、次に「問題に対してどう対処するか」を考えましょう。

脅威への対処の方針は、大きく以下の4つです。

- リスクを避ける
- リスクを軽減する
- リスクを移す
- リスクを受け入れる

「リスクを避ける」とは、そのリスクが発生する原因をなくすということです。たとえば、「新しい機能を予定していたが、リスクが大きすぎるうえに対策しようとしても工数が大きすぎる」といった場合に、「新しい機能のリリースを取りやめる」ことでリスクを避けます。

「リスクを軽減する」という対処はわかりやすいでしょう。具体的な施策により脅威のリスクを軽減するということです。プロセスへ直接アクセスされないよう「ファイアウォールやセキュリティグループを適用する」「ロードバランサへのアクセスに認証機構を設定する」などがリスク軽減にあたります。

「リスクを移す」とは、脅威のリスクをシステムの責任範囲外に移すことです。代表的な施策として、マネージド型サービスの採用によってリスクをクラウド事業者に移転することが挙げられます。

たとえば、コンテナで構築されているシステムの場合、ホスト上のコンテナプロセスは、そのホストのカーネルを共有しています。強い権限を持ったコンテナをホストに配置することで、そのコンテナから他のコンテナプロセスへアクセスできるため、情報漏えいなどの脅威につながります。

そこで、「リスクを移す」ためにAWS Fargateの採用を検討します。AWS Fargateは、コンテナのためのコンピューティングリソースを提供するAWSのマネージド型サービスです。AWS Fargateでは、コンテナごとにカーネル単位で分離された実行環境を割り当てるため、あるコンテナから別のコンテナへアクセスされるリスクを軽減できます。この例では、コンテナ分離に関するリスクを、AWS Fargateというマネージド型サービスに移転していることになります。

最後に、「リスクを受け入れる」のも重要な選択肢です。リスクに対策するコストが、考えられ

第1部　運用を効率化する

る被害に対して合理的でない場合、リスクが発生することを受け入れるという判断が必要です。

　たとえば、文書を翻訳するサービスについて考えてみます。ユーザーが任意のデータをアップロードできる場合、その中に個人情報が含まれている可能性があります。そうなると、個人情報が流出してしまうリスクが考えられるでしょう。

　このとき、「リスクを軽減する」ための施策としては、通信経路やストレージの暗号化やデータにアクセスできる権限の厳密な管理、翻訳したデータを永続化しないことなどが挙げられます。

　しかし、それでもゼロデイ攻撃やソーシャルエンジニアリングによりデータが流出するリスクは残ります。もちろん、AIを使った個人情報の検出やセキュリティ製品によるゼロデイ攻撃の軽減など、さらにリスク対策を追加する選択肢もあるでしょう。ただ、リスクを完全にゼロにすることは現実的でないことが多く、ビジネスモデルやコストを考慮してどこかでリスクを受け入れる必要が出てきます。

　このように、「リスクを受け入れる」というのは単にリスクを無視することではありません。どのようなデータがどういったリスクに晒されるのかをシステム関係者に共有し、リスクの影響度と対処のコストを比較したうえで受け入れることを明示的に選択することが重要です。

セキュリティを高めるためのアーキテクチャパターン

　ここまでの内容を踏まえて、実際のアーキテクチャパターンを見ていきましょう。

○ コンテナアプリケーションのセキュリティ実装パターン

　Ticket Storeの「イベントを登録して公開する」機能に注目してみましょう。実際の脅威モデリングにおいても機能単位でのモデリングがおすすめです。アプリケーション全体をいきなりモデリングしようとすると、抽象的で対策の見えない作業になりがちだからです。また、その機能を開発しているチーム自身が主体的にモデリングすることが推奨されます。アーキテクチャのことをよく理解しており詳細で有用なモデリングができるためです。

　この機能はまだ実装されていないものの、コンテナを使ったアーキテクチャを検討しているところだとします。DFDを**図4.7**のように記述してみました。

図4.7：コンテナアプリケーションのDFD

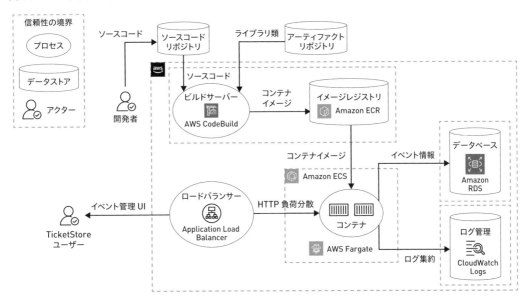

　信頼性の境界とデータフローに注目して、どのような脅威が考えられるかをリストアップしてみます。STRIDEフレームワークを念頭に置くと書き出しやすいでしょう。

　たとえば、ブラウザとロードバランサとは信頼レベルが異なっており、境界が引かれています。ここでは、以下のような脅威が考えられますね。

- イベント管理者が登録した未公開のイベントを、意図しないユーザーが閲覧できる（Information Disclosure、情報漏えい）
- 任意のユーザーがイベントの管理者になりすまし（Spoofing、なりすまし）、イベントの情報を差し替える（Tempering、改ざん）

その他の信頼性の境界に目を向けると、以下のような脅威をリストアップできそうです。

- CloudWatch Logsへイベント管理者の個人情報が送信され、意図しない部署、開発者などが閲覧可能な状態になる（Information Disclosure、情報漏えい）
- コンテナを起動する際の設定情報を差し替えられ、任意のデータベースへ読み込みや書き込みを行うようになる（Tempering、改ざん）

　また、信頼性の境界を跨ぐところ以外にも、DFDの各要素にアクセスするためのポイントが存在します。脅威モデリングでは「エントリポイント」と呼ばれます。エントリポイントに注目すると、脅威をよりリストアップしやすくなります。

第 **1** 部　運用を効率化する

　Fargate において、コンテナを動かす仮想マシンのセキュリティは、責任共有モデル上で AWS
の責任範囲に設定されているため、脅威モデリングの対象から外すことができます。しかし、
Fargate 上で稼働しているコンテナはクラウド利用者の責任範囲となっています。では、コンテ
ナにアクセスするためのエントリポイントにはどのようなものがあるでしょうか。

　Fargate では、ECS Exec[注4.9] という機能でコンテナのシェルを取得して任意のコマンドを実行
できます。この機能はエントリポイントの 1 つです。また、マネジメントコンソールや Amazon
ECS の API やにアクセスして、コンテナをデプロイしたり、既存のコンテナを更新、終了したり
できます。これは Amazon ECS というサービスのエントリポイントと考えられます。

　このようにエントリポイントを洗い出すと、以下のような脅威も考えられそうですね。

- ECS Exec でコンテナへ攻撃者がログインし、データベースへアクセスしてイベント情報を改
  ざん（Tempering、改ざん）する
- 悪意のある開発者がマネジメントコンソールにアクセスし、Amazon ECS でアプリケーショ
  ン用のコンテナを脆弱性のあるものに差し替える

　さらに、サプライチェーンにも注目してみましょう。ソフトウェアのサプライチェーンとは、
開発プロセス、開発環境、OSS のライブラリ、アプリケーションのビルド、デプロイパイプライ
ンなど、アプリケーションのライフサイクルに関わるさまざまな要素の総称です。

- 悪意のある開発者が開発環境にログインし、イベントの情報、参加者のリストを編集、取得す
  るロジックを追加する
- コンテナのビルドサーバーにアクセスできる攻撃者が、悪意のあるロジックをビルド前のソー
  スコードに追加する
- 使用しているオープンソースのライブラリに脆弱性が含まれていて、アプリケーションが取り
  扱うデータを取得、改変される

　さて、このように脅威を洗い出したら、それぞれどのように対処するか検討します。1 つの脅
威に対し、考えられる対策はいくつもあります。

　たとえば「イベント管理者が登録した未公開のイベントを、意図しないユーザーが閲覧できる
（Information Disclosure、情報漏えい）」という脅威であれば、ユーザーとユーザーの権限を管理
するために認証認可が必要になるでしょう。

　また、DFD の信頼性の境界を見ると、信頼性の高いゾーンから低いゾーンへとデータが流れて
います。信頼性の低いゾーン（ここではユーザーのブラウザなど）でイベントの状態を隠すといっ

注4.9　https://docs.aws.amazon.com/ja_jp/AmazonECS/latest/userguide/ecs-exec.html

第4章　セキュリティを作り込む

た対策ではなく、信頼性の低いゾーンにデータを流さないようにするといった対策が必要になることがわかりますね。

具体的には以下のような対策が考えられるでしょう。

- 認証認可を実装する
  具体的には、Application Load Balancerでユーザーを認証する[注4.10]など
- 公開前にデータがブラウザに送られていないことを確認する
  具体的には、ユニットテストに検証を追加するなど

あるいは、「CloudWatch Logsへイベント管理者の個人情報が送信され、意図しない部署、開発者などが閲覧可能な状態になる（Information Disclosure、情報漏えい）」というに脅威はどのように対策するのがよいでしょうか。次のようなものが考えられるでしょう。

- ログを閲覧できるユーザーを限定する
  具体的には、CloudWatch Logsへアクセスできるユーザーを限定するなど
- ログに含まれる個人情報をマスキングする
  具体的には、アプリケーションのロギングライブラリで個人情報をマスキングするロジックを追加したり、CloudWatch Logsのデータ保護機能[注4.11]を有効化するなど[注4.12]

エントリポイントから洗い出した「ECS Execでコンテナへ攻撃者がログインし、データベースへアクセスしてイベント情報を改ざん（Tempering、改ざん）する」脅威についても見てみます。

ECS Execはきめ細かい権限設定が可能で、セキュリティを最優先に設計された機能ですが、それでも本番環境で稼働しているコンテナへのログインを許可する場合、セキュリティ上考慮すべき点がいくつも出てきます。

- ECS Execで本番環境のコンテナをデバッグする場合、デバッグに使うツールをコンテナに含める必要がある。そのツールに脆弱性が含まれている可能性があり、アタックサーフェスが増える
- コンテナのルートファイルシステムを読み込み専用にする、という一般的なセキュリティのベストプラクティスが採用できない

注4.10 https://docs.aws.amazon.com/ja_jp/elasticloadbalancing/latest/application/listener-authenticate-users.html

注4.11 https://aws.amazon.com/jp/blogs/news/protect-sensitive-data-with-amazon-cloudwatch-logs/

注4.12 CloudWatch Logsのデータ保護機能では、パターンマッチングと機械学習を活用して、転送されるログの機密情報をマスキングします。クレジットカード情報やIPアドレス、メールアドレス、AWS認証情報など一般的な個人情報や機密情報をアプリケーションで対応することなくマスキングできます。ただし、2024年1月時点では日本国内の対応は限定的で、国内の住所やマイナンバー、運転免許証の番号などのデータには対応していません。保護されるデータの種類についてはドキュメントをご参照ください。
https://docs.aws.amazon.com/ja_jp/AmazonCloudWatch/latest/logs/protect-sensitive-log-data-types.html

第 1 部　運用を効率化する

- コンテナへのログインを許可する権限を管理する必要がある

これらを踏まえると、以下のような対策が考えられるでしょう。

- リスクを避ける
  具体的には、本番環境ではECS Execを有効化しないなど
- ECS Execを実行できる権限を一時的なものにする
  具体的には、ECS Execを実行するときにのみ、一時的にIAM Roleで権限を付与するようにするなど
- 本番環境でECS Execが実行された場合に監視システムからアラートする
  ECS Execでのアクティビティは AWS CloudTrail[注4.13]に記録されるため、記録されたアクティビティを監視システムに連携するなど
- 本番環境で不正なファイルアクセスやネットワーク接続が実行されたことを検知するランタイムセキュリティを導入する
  具体的には、Amazon GuardDutyのECS Runtime Monitoring[注4.14]を有効化するなど

また、サプライチェーンの脅威である「使用しているオープンソースのライブラリに脆弱性が含まれていて、アプリケーションが取り扱うデータを取得、改変される」についても考えてみましょう。

このような脅威に関しては、脆弱性をスキャンして検知する対策が考えられます。

たとえば、AWSの脆弱性管理のサービス「Amazon Inspector」では、アプリケーションをビルドする際にソフトウェア部品表 (Software Bill of Materials、SBOM) を生成し、その部品に含まれる脆弱性をスキャン[注4.15]できます。

また、日々新しいソフトウェアの脆弱性が発見されており、ビルド時には検知できなかった脆弱性が後から見つかることもあります。Amazon Inspectorでは、既存のコンテナイメージを継続的にスキャン[注4.16]できます。

これを踏まえると、以下のような対策を立てられるでしょう。

- アプリケーションで使用しているライブラリの脆弱性をスキャンする
  具体的には、アプリケーションをビルドするときにAmazon Inspectorで脆弱性をスキャンしたり、ビルドしたコンテナイメージを継続的にAmazon Inspectorでスキャンするなど

注4.13 https://aws.amazon.com/jp/cloudtrail/
注4.14 https://aws.amazon.com/jp/blogs/news/introducing-amazon-guardduty-ecs-runtime-monitoring-including-aws-fargate/
注4.15 https://aws.amazon.com/jp/blogs/news/three-new-capabilities-for-amazon-inspector-broaden-the-realm-of-vulnerability-scanning-for-workloads/
注4.16 https://docs.aws.amazon.com/ja_jp/inspector/latest/user/scanning-ecr.html

第4章　セキュリティを作り込む

　このアーキテクチャパターンでは、コンテナアプリケーションを例に、一部ではありますが脅威モデリングと対策のリストアップを実施してみました。

　リストアップした対策のすべてを実施する必要はありません。アプリケーションの設計時に脅威モデリングを行えば、リストアップした脅威の重大性と、対策のコストを考えて適切な実装を選択できます。

第5章 DevOpsとプラットフォームエンジニアリング

「DevOps」という言葉が2008年のAgile Conferenceで登場してから15年以上が経ち、現在ではソフトウェア開発に携わる多くの人が耳にしたことのある概念となりました。

DevOpsは、開発チームと運用チームが責任を共有しコラボレーションできる文化と、それを促進するさまざまなプラクティスやツールチェインの導入を推進しようというソフトウェア開発におけるトレンドです。代表的なプラクティスとしては、ここまで取り上げてきた継続的インテグレーションやテストの自動化などがよく利用されています。第1部の最後となる本章では、このDevOpsを取り上げます。

運用と開発のコラボレーション

旧来のソフトウェア開発・運用の現場の多くでは開発と運用の責任が明確に分離されており、かつお互いが利益相反の関係にありました。つまり、開発は要件を早く実装して本番環境にデプロイしたいが、運用は環境を不安定にさせたくないのでなるべく変更したくない、といった状況です。

このような組織では、環境の構築、アプリケーションの設定、オンコールの対応、場合によっては保守開発まで運用チームが行い、開発チームは成果物を運用チームに渡して解散、ということが珍しくありませんでした（図5.1）。

図5.1：サイロ化した開発運用モデル

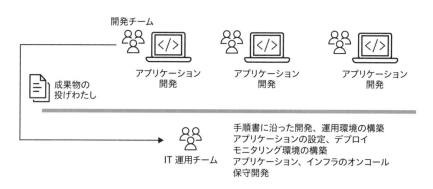

このような運用は、デジタルトランスフォーメーションの流れでアプリケーションの開発速度が上がったり、開発チームが増えてくると、運用チームの負荷が上がりスケールしなくなります。そこで、多くの組織では「共通基盤」と呼ばれるものが運用されています。

アプリケーションのデプロイや監視、保守開発までを運用チームが行う場合、開発チームが採用できるアプリケーションの仕様をある程度統一する必要があります。特定の言語やフレームワークを開発標準に指定し、場合によっては拡張して、運用チームの持つログ、監視などの基盤と連携できるようにします。また、アプリケーションのデプロイパイプラインを統一し、インフラの変更をチケットシステムで依頼するプロセスを作り、環境を変更する方法をコントロールします。

「共通基盤」の実態はさまざまですが、このように開発標準、プロセス、ツールの集合を提供することで運用の負担を軽減するための取り組みは、多かれ少なかれソフトウェア開発の現場にあるものではないでしょうか（図5.2）。

図5.2：共通基盤による開発運用モデル

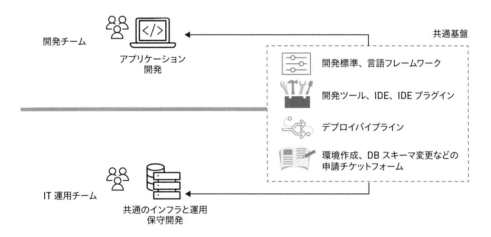

このような共通基盤は、運用チームが実施してきた運用をパッケージ化して固定し、全組織で共通して利用させるものだといえるでしょう。一方で、開発手法を固定化したとしても、サイロ化した組織でチーム間のコラボレーションが改善するわけではありません。

たとえば、開発者がJavaの新バージョンで導入された新しい機能や先進的なフレームワークを利用したくても、サイロ化した組織でそうした要件をすぐに共通基盤に組み込めるとはかぎりません。もしくは逆に、統制上の都合ですべての開発チームにJavaの新しいバージョンを利用させたくても、プロジェクトや開発チームによっては対応できないこともあります。

また、さまざまなコンポーネントを疎結合に組み合わせるクラウドネイティブ開発は、「運用チームがサーバーやネットワークを用意してそこに開発チームが作成したアプリケーションを載せる」

というものだけではありません。

たとえばAWSではAWS Lambdaでサーバーレスなコンピューティングを活用したり、メッセージングサービスのAmazon SQSやワークフローエンジンのAWS Step Functionsを活用してイベント駆動のアプリケーションを構築することもあるでしょう。

しかし、サイロ化した組織の共通基盤は、クラウドのさまざまなサービスや機能を開発者が望むように統合できないことが多いのです。

たとえば、Kubernetesで構築された共通基盤について考えてみます（図5.3）。コンテナオーケストレーターのKubernetesは共通基盤としてよく採用されます。その理由の1つは、コンテナ技術によりアプリケーションのデプロイフローを統一できるためです。開発者は、Kubernetesのクラスターを自由に使ってアプリケーションをデプロイできます。しかし、このような環境を開発チームが歓迎するとはかぎりません。

図5.3：アプリケーション開発の観点にかけるコンテナベースの共通基盤

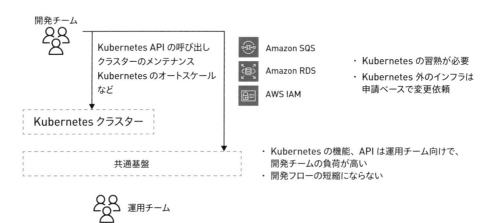

この基盤では、開発チームはアプリケーションを開発、デプロイするためにKubernetesのさまざまな知識を習得する必要があります。しかし、KubernetesのAPIや機能は運用者向けで、その多くはアプリケーションを開発に不要なものです。

さらに、クラウドネイティブなアプリケーションを構築するには、コンテナのデプロイ以外にさまざまなタスクが必要です。たとえばデータベースのスキーマを変更したり、Amazon SQSのようなマネージド型サービスを操作したり、コンポーネントを連携させるための権限設定などです。こうした「インフラストラクチャ」に関連すると考えられている作業は、サイロ化されている組織の多くでチケットシステムや口頭で運用チームに依頼するという運用になっています。

基盤がアプリケーション開発を前提に統合されていないと、開発チームは組織内外にバラバラ

第5章　DevOpsとプラットフォームエンジニアリング

と存在するさまざまなプロセスや資料を調べて、必要なリソースと知識を集めなければなりません。ここでは基盤の機能やチケットシステム、口頭のコミュニケーション、さらにはKubernetesの知識やベストプラクティスを調査して把握する必要があるということです。これは開発チームにとって大きな認知負荷となります。

この例でわかるように、クラウドネイティブに移行するにつれ、アプリケーションとインフラストラクチャの区別はあいまいになっていきます。

そこでDevOps、すなわち開発チームと運用チームがより良くコラボレーションしようという文化やプラクティスが重要になってきます。そしてこれにともなって、チームの役割自体も変わってくるのが自然でしょう。

クラウドネイティブなチームモデル

チームについての考え方として、「逆コンウェイの法則」をご存じの方もいるかもしれません。「コンウェイの法則」として知られる「システムのアーキテクチャは組織構造やチーム間のコミュニケーションを反映したものになる」を逆手にとって、「理想的なシステムアーキテクチャを実現したいならそのアーキテクチャに沿ったチーム構成をとればよい」という考え方です。

この考え方によれば、従来の「アプリケーション」と「インフラストラクチャ」が明確に分割されていた時代のチーム構造と、クラウドネイティブ開発でアプリケーションとインフラストラクチャの垣根がなくなった時代のチーム構造が異なってくるのは当然の流れといえます。

『チームトポロジー』[注5.1] という書籍ではこのようなチームファーストの考え方が詳説されています。同書によれば、ソフトウェア開発のチームにはクラウドネイティブなコンポーネントと同様、「疎結合な」性質が求められます。つまり、チームとチームの間に強い依存関係を持たず、明瞭なインターフェース（チームAPI）でコミュニケーションする。そしてチームが取り扱う業務は自己完結できる、明確な責任の境界を持っているものにすべきであるということです。

この考え方に則れば、クラウドネイティブな開発でどのようなチームが求められるかが見えてきます。大きく分けて、価値のあるサービス、ユーザーストーリーや機能を、設計から開発、デプロイ、運用までを一気通貫で行うビジネスのドメインに関わるチームと、そのチームの負荷を吸収して軽減するようサポートするチームの2種類です（**図5.4**、**5.5**）。

注5.1　マシュー・スケルトン、マニュエル・パイス著／原田騎郎ほか訳『チームトポロジー：価値あるソフトウェアをすばやく届ける適応型組織設計』日本能率協会マネジメントセンター、2021年

図5.4：従来のチーム構造

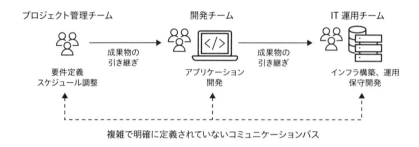

図5.5：クラウドネイティブなチーム構造

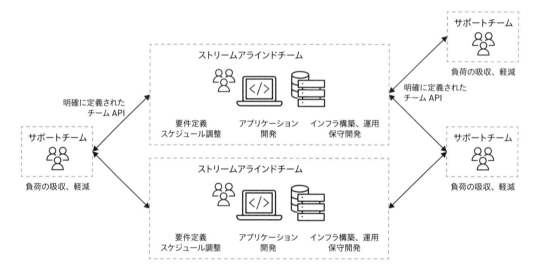

『チームトポロジー』では、前者のタイプとしてストリームアラインドチーム、後者のタイプとしてプラットフォームチームやイネイブリングチームなど複数のサポート型チームを挙げています。クラウドネイティブな組織では、複雑なコミュニケーションパスがなく、「引き継ぎ」という概念が廃されていることがわかります。サポート型チームのタスクは以下のようになるでしょう。

- UXのスペシャリストとしてアプリケーションのユーザビリティを検証する
- セキュリティのスペシャリストとして、アプリケーションのアーキテクチャをレビューする
- 再利用が容易、または特殊な専門知識が必要になる認証やアルゴリズム基盤などを再利用可能なサブシステムとして提供する
- アプリケーションが企業や業界のポリシーに準拠できるよう「ガードレール」を設定する

- アプリケーションをデプロイするためのネットワークやコンピューティングリソースなど下位のレイヤを抽象化する基盤を提供する

このようなクラウドネイティブな組織において、ストリームアラインドチームがなるべく楽に業務を遂行できるようプラットフォームを構築することは、サポートタイプのチームの代表的なタスクです。『チームトポロジー』では、このようなタスクを担当するチームを「プラットフォームチーム」と呼んでいます。

さて、プラットフォームをどのように構築するとストリームアラインドチームの負荷を効果的に減らすことができるのでしょうか。この領域で2022年ごろから注目を集めているアプローチが「プラットフォームエンジニアリング」です。

┃ プラットフォームエンジニアリング

プラットフォームエンジニアリングとはなんでしょうか。ガートナーによれば、下記のようなものとされています[注5.2]。

「プラットフォーム・エンジニアリング」とは、アプリケーションのデリバリとビジネス価値の創出を加速させるための、テクノロジに対する新しいアプローチです。プラットフォーム・エンジニアリングは、インフラストラクチャ・オペレーションの自動化とセルフサービス機能により、開発者エクスペリエンスと生産性を向上させます。開発者エクスペリエンスを最適化し、プロダクト・チームによる顧客価値のデリバリを加速させることが期待できるため、大きく注目されています。

一見すると、先述した「共通基盤」と同じようなものに感じるかもしれません。従来の共通基盤に比べて新しいとされるのは、DevOps、クラウドネイティブなチームが前提になっているという点です。従来の開発チームをストリームアラインドチームに変換したり、運用チームをサポート型のプラットフォームチームに変換したりといったことはあり得ますが、チーム構成がクラウドネイティブになっていなければプラットフォームエンジニアリングは機能しません。

プラットフォームエンジニアリングは「ストリームアラインドチームの負荷を軽減するためにどのようなプラットフォームがあればいいのか」という要件が出発点になっているため、最重要視されるのはストリームアラインドチームの「開発者体験」です。

注5.2　https://www.gartner.co.jp/ja/articles/what-is-platform-engineering

第**1**部 運用を効率化する

● ゴールデンパス

ストリームアラインドチームは、いわゆる「開発チーム」と違い、引き継ぎが発生しない環境で設計から運用まで担当するため、膨大な学習コストと認知負荷がかかる傾向にあります。とくに従来の開発チームから変換されたチームでは、理想とされる CI/CD パイプラインの構築、監視やセキュリティの実装、企業ポリシーへの準拠などすべてに対応することは困難でしょう。そこで、プラットフォームチームが一連のツールセットやアプリケーションのテンプレートを提供します。

この「ツールセットやアプリケーション」の具体例として、AWSのサイトには以下のような解説があります[注5.3]。

- マネージド IaC オーケストレーションサービス (AWS Proton、AWS Service Catalog、Amazon CodeCatalystなど) の活用
- カスタム内部開発者プラットフォームの構築 (Backstage、または自社構築)
- GitOps モデルとツール (Flux、ArgoCDなど) の実装
- 再利用可能な中央リポジトリ内のテンプレートとドキュメントの管理
- カスタムライブラリあるいはモジュールの構築 (AWS Cloud Development Kit (CDK) コンストラクト / ライブラリ、Terraform モジュールなど)

ストリームアラインドチームはこのようなテンプレートとツールを活用するだけで、適切なガードレール、セキュリティ、ベストプラクティスに沿った「ゴールデンパス」で簡単に開発、運用ができるようになります。

● セルフサービス化

では、チーム間を疎結合に保ちつつ、「チーム API」でプラットフォームチームがこのようなゴールデンパスを提供するにはどうすればよいのでしょうか。プラットフォームエンジニアリングでは、「セルフサービス化」がキーワードになっています。

プラットフォームチームの目的は、ストリームアラインドチームが自律的に設計、開発、運用ができるようにすることです。ストリームアラインドチームがクラウドのマネージド型サービスを活用してすでに自律的に開発、運用している組織では、そもそもプラットフォームチームが必要ないこともあるでしょう。『チームトポロジー』でも以下のように述べられています。

いちばんシンプルなプラットフォームは、下位のコンポーネントやサービスについて書いた単なる Wiki ページ上のリストだ。下位のコンポーネントやサービスが常に確実に動作するの

注5.3　https://aws.amazon.com/jp/blogs/news/how-organizations-are-modernizing-for-cloud-operations/

であれば、フルタイムのプラットフォームチームは必要ない。

しかし、多くのチームが簡単にゴールデンパスで業務を遂行できるよう、ネットワーク構成やインフラストラクチャ、デプロイフローを抽象化してチームの作業、認知負荷を減らすことは有用です。

プラットフォームエンジニアリングでは、「内部開発者プラットフォーム/ポータル (Internal Developer Platform/Portal、IDP)」という言葉がよく使われます。ストリームアラインドチームのためにポータルサイトを用意し、ポータルサイトからデプロイ、運用したいアプリケーションに合わせてテンプレートを選択すれば、簡単にゴールデンパスに沿った開発を始められるというようなものです（図5.6）。プラットフォームチームが、そのポータルやテンプレート、プラットフォームを構築、維持することでストリームアラインドチームにゴールデンパスを提供しています。

図5.6：内部開発者プラットフォームと内部開発者ポータル

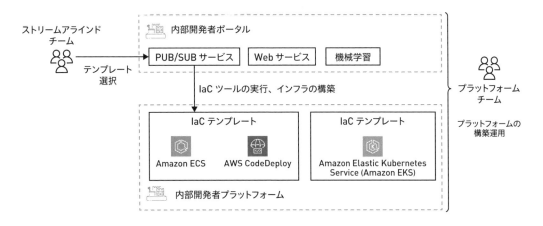

このようなプラットフォームチームの目指すべき運用については、『The DevOpsハンドブック』[注5.4]にある「彼らが私たちのツールに依存するのはいいが、大切なことは私たちに依存しないようにすること」という表現が端的に言い表しているといえるでしょう。

◯ 最小限のプラットフォームから始める

しかし、「このプラットフォームが利用されない」「プラットフォームを構築したが効果が出ない」というケースがよくあります。

注5.4　ジーン・キムほか著／榊原彰監修／長尾高弘訳『The DevOpsハンドブック：理論・原則・実践のすべて』日経BP、2017年

第1部 運用を効率化する

　一般的にエンジニアリング組織では、プラットフォームを構築するような業務を好んで実施します。その作業は楽しいのですが、結果として巨大なプラットフォームをいきなり構築してしまい、利用しにくく複雑なものになった結果、ストリームアラインドチームの認知負荷が増えてしまうということもあります。

　クラウドネイティブなチームは自律的に動くのが原則ですので、プラットフォームを利用するかどうかはストリームアラインドチームの判断次第です。利用しにくいプラットフォームは利用されないので、結果として大きなプラットフォームを構築した工数が無駄になってしまいます（図5.7）。

図5.7：利用されなくなるプラットフォーム

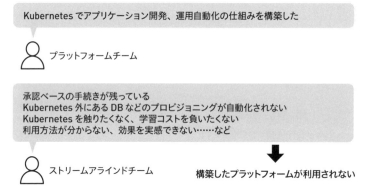

　これを防ぐには、まず最小限のプラットフォームから始めて、実際にストリームアラインドチームに利用してもらいながらフィードバックを集め、徐々に拡大していくというアプローチが有用です。フィードバックを集める手順はさまざまありますが、一例として、図5.8のようなステップでプラットフォームを構築するとよいでしょう。

図5.8：プラットフォームの設計、構築手順

1. ストリームアラインドチームを一つ選定
2. チームのボトルネック特定
3. ボトルネックの改善をKPIで測る
4. KPIを達成できたら、結果を社内で周知
5. 基盤の活用方法などの勉強会など
6. 他チームに横展開

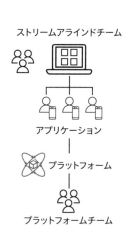

第5章　DevOpsとプラットフォームエンジニアリング

『チームトポロジー』にも、以下のような記述があります。

　プラットフォームは開発チームの「邪魔にならない」ようにする。開発チームが開発する上での前提条件をなるべく少なくするのだ。新しい開発者がプラットフォームを使い始めるのがどれだけ簡単かどうかは、DevExの達成状況についての良いテストになる。

　フィードバックをもとにプラットフォームを構築するもう1つのメリットとして、ストリームアラインドチームのさまざまな要件に対応できることも挙げられるでしょう。

　どの程度大きなプラットフォームが必要になるかは、ストリームアラインドチームによって異なります。

　たとえば、Kubernetesの運用に慣れているストリームアラインドチームであれば、単にKubernetesのクラスターを払い出すというプラットフォームも考えられます。認知負荷軽減のため、クラスターのメンテナンスをプラットフォームチームで行うのもよいでしょう。しかし、Kubernetesに触ったことがないチームの場合は、Kubernetesを完全に隠蔽し、アプリケーションのソースコードを提供するだけでアプリケーションのビルドからデプロイまで行うCI/CDの機能も必要になるでしょう。

　こうしたストリームアラインドチームごとの要件に対応するには、フィードバックをプラットフォームに反映させていく開発サイクルが必要です。

アーキテクチャパターン

　本章では、DevOpsとチーム構成について紹介しました。クラウドネイティブなアーキテクチャには、クラウドネイティブなチームが必要になります。そして、疎結合で責任範囲の明確なチームが効果的に協業できる運用モデルとして、プラットフォームエンジニアリングという考え方を紹介しました。

　最後に、実例としてのアーキテクチャパターンを見てみましょう。

● AWS CDKとConstruct Hubによるプラットフォームエンジニアリング

　第4章「セキュリティを作り込む」のアーキテクチャパターンでは、脅威モデリングの結果としてさまざまなセキュリティ対策がリストアップされました。一部を再掲すると、以下のようなものです。

第1部　運用を効率化する

- CloudWatch Logsへアクセスできるユーザーを限定する
- CloudWatch Logsのデータ保護機能を有効化する
- アプリケーションで使用しているライブラリの脆弱性をスキャンする
- 本番環境でECS Execが実行された場合に監視システムからアラートする

　サンプルアプリケーションであるTicket Storeでは、ストリームアラインドチームがさまざまな機能を日々開発しています。チームには開発から本番環境へのデプロイ、保守開発まで一貫した責務があり、作成したアプリケーションを他のチームに「引き継ぐ」運用はしていません。

　しかし、Ticket Storeが提供する業務のロジックに集中したいストリームアラインドチームにとって、上記で挙げたセキュリティ対策は大きな認知負荷となっています。

　ここで、プラットフォームチームの出番です。こうした認知負荷を下げるため、どのようにストリームアラインドチームをサポートすればよいでしょうか。

　まずは「最小限のプラットフォーム」から始めましょう。たとえば、ストリームアラインドチームが作成した脅威モデリングをレビューし、考えられる対策とサンプルコードを提示するようなプロセスはどうでしょうか。物理的なプラットフォームがあるわけではありませんが、そうしたプロセスもストリームアラインドチームの認知負荷を減らす基盤だといえるでしょう。

　このプロセスでストリームアラインドチームから有用なフィードバックが得られたら、提示した対策を実装して、多くのストリームアラインドチームが再利用できるようにしてみます。ここでは、AWS Cloud Development Kit (AWS CDK)[注5.5]で、再利用可能な実装をストリームアラインドチームが選択できるようにプラットフォームを構築するパターンを紹介します。

　AWS CDKを使うと、お気に入りのプログラミング言語でAWSのインフラストラクチャをコードとして定義できます。たとえば、以下のようなコードで、Amazon ECSにコンテナアプリケーションをデプロイできます。また、アプリケーションからのログをCloudWatch Logsに出力し、かつデータ保護機能を有効化して個人情報をマスキングする環境が構築できます（図5.9）。

```
// ...

// アプリケーションのログを保存する場所
const dataProtectionPolicy = new logs.DataProtectionPolicy({
  identifiers: [
    logs.DataIdentifier.IPADDRESS, // IPアドレスを保護
    logs.DataIdentifier.EMAILADDRESS, // メールアドレスを保護
    logs.DataIdentifier.CREDITCARDNUMBER, // クレジットカード番号を保護
    new logs.CustomDataIdentifier('EmployeeId', 'EmployeeId-\d{9}')], // 特定のパターン
にマッチしたデータを保護
});
```

注5.5　https://aws.amazon.com/jp/cdk/

```
const logGroup = new logs.LogGroup(this, 'LogGroupLambda', {
  logGroupName: 'TicketStore',
  dataProtectionPolicy: dataProtectionPolicy,
});

// AWS Fargate にコンテナをデプロイし、Application Load Balancer で負荷分散する構成をコードで定義
const loadBalancedFargateService = new ecsPatterns.ApplicationLoadBalancedFargateSer
vice(this, 'Service', {
  cluster,
  desiredCount: 2,
  memoryLimitMiB: 1024,
  cpu: 512,
  taskImageOptions: {
    image: ecs.ContainerImage.fromEcrRepository(repository),
    logDriver: ecs.LogDriver.awsLogs({
      streamPrefix: 'application-',
      logGroup,
    }),
  },
});

// ...

// CDK アプリケーションの構築
const app = new cdk.App({});
new TicketStoreStack(app, 'TicketStoreStack', {});
```

　上記は抜粋ですが、このようなコードを書いて以下のコマンドを実行すると、ECSにデプロイ
したコンテナのログをCloudWatch Logsに転送するよう設定し、かつCloudWatch Logsのデー
タ保護機能（マスキング機能）を有効化できます。

```
$ npx cdk deploy
```

図5.9：AWS CDKによる環境構築

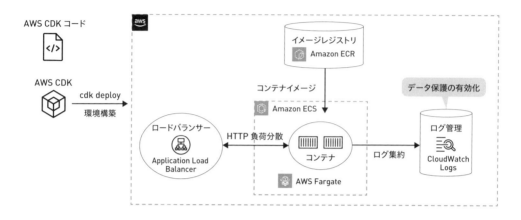

　プラットフォームチームは、このようなコードをストリームアラインドチームに利用してもらうようにします。

　AWS CDKでは、再利用可能なパターンをコンポーネントとして作成、配布可能にするコンストラクト[注5.6]という仕組みがあります。プラットフォームチームは、コンストラクトを公開し、ストリームアラインドチームに配布できます。そうすることで、ストリームアラインドチームはさまざまなパターンを簡単に利用できるようになります。要件にあったコンストラクトであれば、ストリームアラインドチームの認知負荷を下げることもできるでしょう。

　また、AWS CDKでは、コンストラクトを配布するポータルも構築できます。Construct Hub[注5.7]はAWS CDKのコンストラクトを共有したり検索したりできるレジストリです。上記のような設計パターンやリファレンスアーキテクチャが多数公開されています。

　Construct Hubは独自のレジストリをプライベートな環境に構築することもできる[注5.8]ため、プラットフォームチームが、自身の実装をさまざまなストリームアラインドチームに広く公開し利用してもらう場を作ることができます。

　ストリームアラインドチームは、公開されている実装が負荷を削減してくれると判断すれば、Construct HubからAWS CDKのライブラリを取得してアプリケーションの構築と運用に活用します（図5.10）。

注5.6　https://docs.aws.amazon.com/cdk/v2/guide/constructs.html
注5.7　https://constructs.dev/
注5.8　https://constructs.dev/packages/construct-hub/v/0.4.98?lang=typescript
　　　ただし、Construct HubのSelf-Hosted版は、2024年6月時点でまだ実験的なステータスです。

図5.10：Construct Hubをポータルにしたプラットフォームの運用モデル

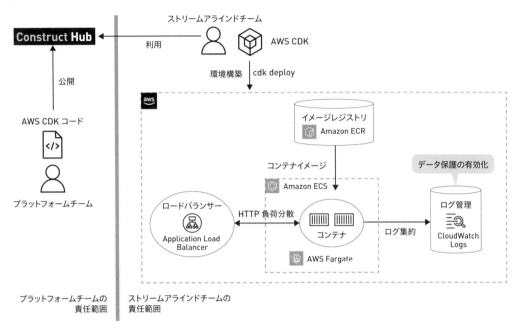

　クラウドネイティブなチームでは、チーム間に明確な責任境界を設定できます。このプラットフォームエンジニアリングのモデルでは、AWS CDKを利用した環境構築はストリームアラインドチームの責任範囲となっており、ストリームアラインドチームが自由にCDKのコードを拡張したり、改変したりできます。

　もちろん、組織によっては、一般的なセキュリティのプラクティスや、組織、業界の規制を広く適用したい場合もあるでしょう。

　たとえば、Amazon S3のバケットは、不正アクセスからデータを保護するために、パブリックなアクセスをブロックするべき[注5.9]とされています。

　AWS CDKでは、CloudFormation Guardと連携してこのようなポリシーに準拠していることを確認できます[注5.10]。CloudFormation Guardは、「Amazon S3のパブリックアクセスを有効化しない」のようなポリシーをコードとして定義して、インフラストラクチャを定義したコードがポリシーに違反していないかを検証するためのツールです。

　具体的には、以下のようなCDKのコードで検証プロセスを追加できます。

注5.9　https://aws.amazon.com/jp/s3/features/block-public-access/
注5.10　ただし、AWS CDKのCloudFormation Guard連携機能は2024年6月時点でまだ実験的なステータスです

```
// ...

const app = new cdk.App({
  policyValidationBeta1: [
    new guard.CfnGuardValidator({
      rules: [
        'path/to/local-rules-directory',
        'path/to/s3/local-rules/my-rule.guard',
      ],
    }),
  ],
});
```

　プラットフォームチームから配布されたこのコードを利用すれば、ストリームアラインドチームは自由にコードを拡張しながらも、ポリシーに準拠しているか常に検証できます。

　このように、コードベースでポリシーを定義して準拠の確認を自動化するプラクティスは「Policy as Code」と呼ばれ、AWSだけでなく、Kubernetesなどのプラットフォームでも広く採用されています。

　なお、上記の運用モデルは、「ストリームアラインドチームがプラットフォームチームのツールセットを利用するか主体的に決定する」というスタイルになっています。組織によっては、こうした運用モデルがまだ現実的ではなく、ストリームアラインドチームが使用するツールセットを強制しなければならないこともあるでしょう。

　このように統制を強めたい組織では、コードから構築されたインフラストラクチャをプラットフォームチームが所有し、ストリームアラインドチームはそのインフラストラクチャを利用するのみ、というモデルも考えられます（図5.11）。

第 5 章　DevOpsとプラットフォームエンジニアリング

図5.11：プラットフォームチームによる中央集権型の運用モデル

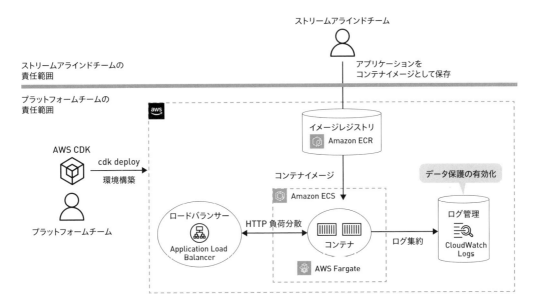

このモデルの責任境界では、CDKを利用した環境の管理はプラットフォームチームの責任範囲に設定されています。そのため、アプリケーションのデプロイモデルや準拠するポリシー、セキュリティツールの利用はプラットフォームによって強制され、ストリームアラインドチームでは制御できません。

このモデルでは統制を強化できますが、トレードオフとして、チームのスケーラビリティが低くなります。プラットフォームを利用するストリームアラインドチームが増えれば増えるほど、インフラストラクチャのトラブルシューティングなどの負担が大きくなり、新しい機能をプラットフォームに導入する工数が取れなくなってくることが懸念されます。

このように、AWS CDKを利用したプラットフォームエンジニアリングを実践することで、ストリームアラインドチームのさまざまな認知負荷を軽減できます。ここではインフラストラクチャの構築を簡単に例示しましたが、それだけではなく、運用負荷が低いサービスの選定、CI/CDパイプラインやテスト環境、監視の構築など本書で紹介したさまざまなプラクティスをプラットフォームに追加できるでしょう。

これにより、ストリームアラインドチームとコラボレーションしながら、「最小限のプラットフォーム」を少しずつ成熟させることができます。

79

第 **2** 部

回復力を高める

- 第 6 章　スケーラブルなアーキテクチャを実装する
- 第 7 章　障害からの自動的な復旧を実現する
- 第 8 章　回復力をテストする

第 **2** 部　回復力を高める

　クラウド上に構築するシステムの信頼性を担保するうえで回復力は重要な要素です。第2部ではクラウドネイティブな設計原則をもとにシステムの回復力を高める方法について紹介します。

● 回復性に関する責任共有モデル

　そもそも、クラウド上に構築されたシステムの回復性を考えるうえでは、すべてをオンプレミスに構築する場合と違い、クラウドサービス自体の信頼性や回復力も大きな要素になります。第1部でも解説したとおりクラウドの提供者と利用者とは多くの観点で責任を分担しますが、回復性に関しても同様です。

　たとえば、「AWS Well-Architected Framework」の「信頼性の柱」についてのドキュメント[注6.1]では、クラウド提供者の責任を「クラウド**の**回復性」、クラウド利用者の責任を「クラウド**内**の回復性」として、それぞれ次のように述べています。

　　AWSの責任 - クラウドの回復性AWSは、AWSクラウドで提供されるすべてのサービスを実行するインフラストラクチャの回復性について責任を負います。このインフラストラクチャは、AWSクラウドサービスを実行するハードウェア、ソフトウェア、ネットワーク、設備で構成されます。AWSは、このようなAWSクラウドサービスを利用可能にするうえで商業的に合理的な取り組みを行い、サービスの可用性がAWSサービスレベルアグリーメント（SLA）を満たすか、それ以上を提供することを確認します。

　　お客様の責任 - クラウド内の回復性お客様の責任は、選択したAWSクラウドサービスにより異なります。選択したサービスにより、お客様が回復性についての責任の一環として実行する必要がある設定作業の量が決まります。例えば、Amazon Elastic Compute Cloud（Amazon EC2）のようなサービスでは、お客様は必要となる回復性の設定と管理をすべて実行する必要があります。Amazon EC2インスタンスをデプロイするお客様の場合は、Amazon EC2インスタンスを複数のロケーション（AWSアベイラビリティーゾーンなど）にデプロイして、Auto Scalingなどのサービスを使用して、自己修復を実装し、インスタンスにインストールしたアプリケーションに対して回復力のあるワークロードアーキテクチャのベストプラクティスを使用する責任があります。

　これはAWSの例ですが、他のクラウドサービスを利用する際にも、それぞれのクラウドサービスプロバイダに応じた定義があるでしょう。このような分担範囲を加味してアーキテクチャ設計することが、回復力の高いシステムを構築していくうえで重要なポイントとなります。

注6.1　https://docs.aws.amazon.com/ja_jp/wellarchitected/latest/reliability-pillar

● 回復力の高いシステム

「回復力が高い」とはどのような状態かをもう少し考えてみましょう。先ほどの「信頼性の柱」についてのドキュメントには以下のような記述があります。

> 回復力とは、インフラストラクチャやサービスの中断から復旧し、需要に適したコンピューティングリソースを動的に獲得し、設定ミスや一時的なネットワークの問題などの、中断の影響を緩和するワークロードの能力です。

多くのシステムでは、あらかじめサービスレベルを定義し、その条件を守れるようにシステムを設計します。一般的には、システムの不具合を防ぐために綿密に設計と網羅性の高いテストを行い、負荷を予測したリソースを準備します。そしてハードウェアやネットワークの不具合が即座にシステム障害に繋がらないよう複数台での冗長化を行うでしょう。

このような備えにより、インフラストラクチャやサービスの中断の発生が起きる確率を0に近づけるのです。しかし、0に近づけようとすればするほど、冗長度を上げる必要や、テストの複雑さも増しコストは上がります。完全に壊れないものは存在しないため、このコストと可用性にはビジネス的な妥協点を設ける必要があります。

したがって、いくら壊れないことを前提としても、インフラストラクチャやサービスは壊れうるということです。そこで重要になるのが回復力です。

故障や負荷に対してリソースの入れ替えや増強などを行う自動化された仕組みを設け、平均故障時間（Mean Time To Failure、MTTF）を短くすることで、単独の機器としては故障や一時的に停止したとしても結果的にサービスレベルを保つことが可能になります。このような仕組みを持つことを「回復性がある」、そしてそれらを適切に実行し高いサービスレベルを維持できるシステムを「回復力が高い」システムと呼びます。

では、このような回復力の高いシステムには何が必要でしょうか？

● スケーラブルなアーキテクチャを持つ

回復力を高めるためのもっとも重要な要素に、スケーラビリティがあります。日本語では「弾力性」や「拡張性」といった言葉で表現される概念です。需要の変化や一部機器の故障に追随して自動的にリソースを増減できることを「弾力性」、もう少し広義に、自動・手動問わずリソースの増減ができることを「拡張性」と呼び分けることが多いでしょう。

従来のオンプレミスや自社の仮想化基盤などでは、事前に需要を予測してハードウェアを購入します。それゆえ想定外の急速なサーバーリソースの需要高騰や故障などによる差し替えには限界がありました。

第2部 回復力を高める

一方クラウドサービスは、クラウドサービスプロバイダーの利用ユーザー全体でその需要予測やサービス設計がなされているため、個社では実現しにくい拡張性を備えています。したがって、スケーラビリティを前提としてアーキテクチャに取り入れることはクラウドにおいて回復力を高めるうえでの鍵になります。

◯ 障害から自動的に復旧できる

先に述べたとおり壊れないインフラストラクチャやサービスは存在しません。また、その要因に応じてはネットワークやハードウェア設計など自社の努力だけでは担保できない領域も存在します。これらのようにコントロールできない要素を受け入れ、問題発生時に自動的に復旧する仕組みを設けることで、自社でコントロールできる統制下におくことはシステムの回復力向上に繋がります。

スケーラブルなアーキテクチャを持つ場合、ハードウェアの故障により利用できなくなったリソースに対して自動的に補填されます。これにより単一のハードウェア故障の影響は軽微になるでしょう。自動復旧という観点ではハードウェアの障害に加え、クラウドのアベイラビリティゾーンやリージョン障害のようにデータセンターをまたがる障害の際に待機系と自動的に切り替えることや、たとえばコントロールプレーンとデータプレーンを分けることによる静的安定性のようなシステムの設計、実装による方法をとることも可能です。

みずからこれらの設計、実装、切り替えを担うこともできますが、これらの責任範疇をクラウドサービスプロバイダーにオフロードするのも選択肢の1つです。マネージド型サービスやサーバーレスサービスなどは先に触れた責任共有モデルにおけるクラウドサービスプロバイダーの範囲がより広いです。このようなサービを利用することで、一から仕組みを実装することなく、機能としての利活用が可能です。

◯ 回復力が担保されている

スケーラビリティのあるアーキテクチャや障害からの自動復旧の仕組みは、設計通りに動作するか検証することで初めて担保されます。しかし、実際にはデータセンター障害や機器の故障を起こすことは現実的には難しく、机上検証で済ませてしまうケースも少なくないでしょう。

クラウドサービスにおいても、ハードウェアやデータセンターを物理的に壊すことは困難です。しかし、クラウドサービスはAPIを介してインフラストラクチャを操作するため、論理的な破壊や負荷高騰、ネットワークの遮断をシミュレートできます。このような仕組みを使い継続的にテストを行うことで、回復力が設計どおり担保されているか検証することが可能です。

また、サービスの稼働インフラとしてのみならず、負荷検証においてもクラウドのスケーラビリティは活用できます。従来のオンプレミスの場合、負荷を発生させるためのサーバーリソース

も購入する必要がありました。一方、クラウドにおいては負荷テストのタイミングで一時的にリソース増強して検証することが可能です。これにより従来であればコスト面で実現できなかった規模のテストをコストパフォーマンス良く実現できます。

　以降では、これら3つの要素について、アーキテクチャパターンを交えて述べていきます。

第 6 章　スケーラブルなアーキテクチャを実装する

　第2部の冒頭でも述べたとおり、回復力の高いシステムを構築するうえではスケーラビリティ、すなわち弾力性、拡張性が重要です。

　これらの弾力性、拡張性の実現において、サーバーリソースをスケールするアプローチには大きく2つの方法があります（**図6.1**）。1つは垂直方向、つまりサーバーのCPUのコア数やメモリ容量など処理能力を増減させるスケールアップ・スケールダウンのアプローチです。このアプローチは単一のサーバーの処理能力を上げる手段として取られます。もう1つは水平方向、言い換えると処理するサーバーの台数など並列度を増減させるスケールアウト・スケールインのアプローチです。

　スケールアップはすでに処理を実行しているサーバーの処理性能を上げるアプローチであるため、既存のアプリケーションに対する変更が不要なことが多く、比較的容易に実行しやすいことが利点です。一方で、稼働する物理的なハードウェアという上限があることや、再起動を伴うケースが多いなど弾力性が低いという欠点もあります。

　他方のスケールアウトのアプローチは、既存のアプリケーション設計によっては修正が必要なケースも多いため採用しにくいことも多いでしょう。しかし、サーバーなどのリソースを簡単かつ迅速に追加削除できるため、業務の需要増加や故障時の自動対処を実現しやすくなり、弾力性の観点で非常にメリットが大きいアプローチでもあります。

　クラウドサービスではしばしば、利用したリソースに対する従量課金モデルが採用されており、事前にリソースを準備せず処理量に追随できるスケールアウトのアプローチは、コストメリットも高くなります。

　これらをふまえ、新たに構築するアプリケーションはもちろん既存のアプリケーションに関しても、このスケールアウトのアプローチを取れることが望ましいといえるでしょう。

図6.1：スケールアウトとスケールアップ

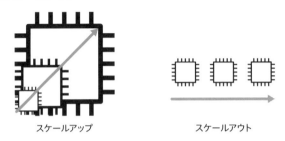

オートスケーリングを前提としたアプリケーションの構造

　スケールアウト・スケールインのアプローチをリソース状況などのメトリクスやヘルスチェックの状態に応じて一定の即時性を持って自動的に行うのがオートスケーリングです。
　本節では、オートスケーリングを活用するのに適したアプリケーション構造とその際意識すべきポイントについて、サンプルアプリケーション「Ticket Store」を例に確認してみましょう。

● サーバーに依存しないセッション管理を行う

　スケールアウトによって並列に追加されるリソースは、既存のリソースにローカルな情報を引き継ぎません。Webアプリケーションにおいてこれがとくに問題になるのは、セッションの情報がサーバー間で引き継がれないことです。多くのアプリケーションはセッション情報をサーバー内に保持し、同じユーザーからの複数リクエストを一連のフローとして実現する実装になっています。このようなアプリケーションが稼働するサーバーをスケールアウトさせた場合、ユーザーが新たに追加されたサーバーにルーティングされてしまうと、前回の別サーバーで実施した処理情報がローカルにないため連続した処理を継続できなくなります。
　Ticket Storeでのユーザーの「欲しいチケットをカートに追加する処理」と「カートの中身のチケットを決済する処理」の2つの操作を例に具体的に考えてみましょう（図6.2）。サーバーAにアクセスしてカート追加と決済の処理を行って決済画面に遷移します。その際、決済画面はサーバーBにルーティングされるとどうなるどしょうか。当然、Aで入れたカートの情報はなく、カートが空の状態になってしまいます。

図6.2：セッションに依存している状態

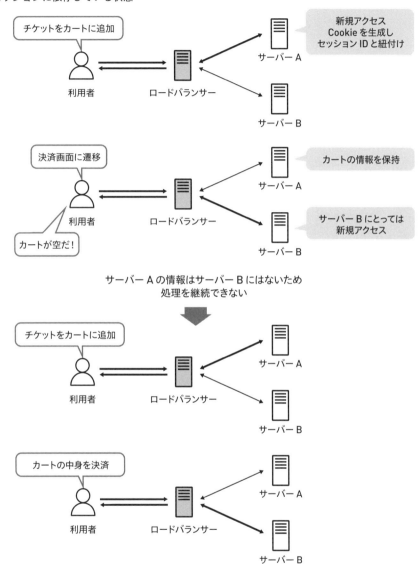

　このような状態を避けるための1つの方法として、「スティッキーセッション」の利用があります（図6.3）。複数サーバーへの振り分けを行うロードバランサーでスティッキーセッションを扱い、同じユーザーからのトラフィックを前回と同じサーバーにルーティングすることで、アプリケーションを変更することなくサーバーをスケールアウトできます。

図6.3：スティッキーセッション

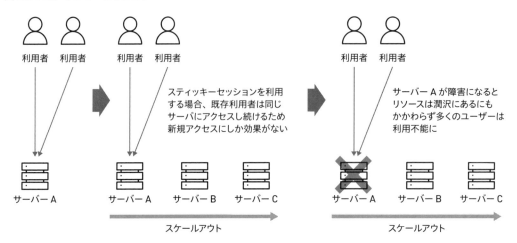

　しかしこの方法には課題があります。スティッキーセッションを使うとロードバランサーはユーザーを常に同じサーバーにルーティングするため、サーバーの負荷増に伴ってサーバーを追加した場合、サーバー追加後に新規アクセスしたユーザーのみが追加されたサーバーにルーティングされます。これでは負荷を分散できないほか、ユーザーがルーティングされるサーバーが固定されるためサーバー障害影響を受けやすく、回復力や弾力性を損ないます。
　これを回避するために必要なのが、セッション情報をサーバーの外側のデータストアで管理し、サーバー内部のデータに依存しない、つまりステートレスにする方法です。この方法に関しては本章の後半で紹介します。

● データベースへの負荷をコントロールする

　オートスケーリングを行う場合に気をつけなければならないのが、データベースへの負荷のコントロールです。とくにRDBMSを利用する場合、リソースの有効活用のため一般的にコネクションプーリングを使うことでしょう。コネクションプーリングにはJDBCをはじめとしたローカル変数を使ったドライバ形式と、Pgpoolのようなプロキシ形式の大きく2種類の実装があります。多くのアプリケーションでは、言語フレームワークとセットでドライバ型のコネクションプールを利用しているのではないでしょうか。
　アプリケーションをAmazon EC2のような仮想サーバーで動かす場合、オートスケールする台数を能動的に指定する限りにおいて、ドライバ型のコネクションプールを使うほうがコネクション数を計算しやすく、管理の見落としが少ないでしょう。
　一方でAWS Lambdaを利用する場合、イベントやリクエストの負荷に応じて自動でスケール

第6章　スケーラブルなアーキテクチャを実装する

アウトしてリソースが立ち上がります。そのため、環境変数を使うドライバ型の管理ではRDBMS側のリソースを意図せず消費してしまうリスクが発生します。このようなリスクを軽減するため、Lambdaのリソースとデータベースの間にプロキシ形式のコネクションプール層を設けて、コネクションを有効活用することも検討するとよいでしょう[注6.2]。

なお、AWSサービスにはこのような機能を提供するRDS Proxyというサービスがあります。RDS Proxyはコネクションプール層としての機能のほか、IAM認証によるデータベースアクセスや、フェイルオーバーの機能を備えたサービスです。

また、オートスケーリングするアプリケーションでのRDBMSへの負荷を回避する方法としては、リードレプリカの活用も挙げられます。書き込み処理はこれまでどおりプライマリーのデータベースサーバーに向け、読み取り処理をリードレプリカに向けることでオートスケールした際のプライマリーDBへの負荷を軽減し、むやみにインスタンスサイズを大きくする必要性を抑制できます。また読み取りだけを担うリードレプリカはスケールアウトのアプローチを取りやすく、負荷に応じて台数を増やし、また不要ならスケールダウンにより台数を減らす弾力性があるため、性能とコストを両立できます。

ここでは代表的なものとしてRDBMSを前提として例を述べましたが、データや処理の特性によっては、そもそもRDBMS以外の目的別データベースを使うことも選択肢になります。

● アプリケーションを適切に分解する

オートスケーリングを使いこなすうえではアプリケーションの構造も重要です。とくにモノリシックなアプリケーションの場合、1つのサーバー内に複数の機能が互いに依存して混在します。

たとえばTicket Storeがモノリスな構造の場合、チケットの検索、購入したいチケットのカートへの追加、カートに入ったチケットの決済などの処理が1つのアプリケーションとして提供されているでしょう。しかしこの構成の場合、人気チケットの販売開始などにより多くのユーザーが同時にカート追加や決済を行ってサーバーの負荷が高まると、同じサーバーで動いているチケット検索などの無関係の処理も引きずられる形でレスポンスが悪化してしまうでしょう。場合によっては、エラーを返し続けてしまうかもしれません。

このように負荷により処理能力が足りなくなる場合は、先に述べたとおりサーバーをスケールアウトすることで処理性能を上げて対処を図るかもしれません。しかし、実際のアプリケーションの処理のレスポンスは単にサーバーリソースだけに比例しないため、機能全体を見ると負荷が緩和されレスポンスが向上したとしても、検索機能単独で見たときに処理性能面が通常時より劣化したままになってしまう可能性もあります。本来の姿としては、他の機能の影響を受けないの

注6.2　https://docs.aws.amazon.com/ja_jp/AmazonRDS/latest/UserGuide/rds-lambda-tutorial.html

が好ましく、そのためにはモノリシックなアプリケーションを分割することも選択肢となります。

チケット検索、カート追加、決済がアプリケーションとして分割されている場合、負荷高騰時にお互いの影響を最小限にでき、またオートスケールによる処理性能の向上もピンポイントで行えます。ここで述べたのはアクセス増による負荷高騰の例ですが、一部機能のバグや障害の影響時も同様です。

分割することで管理コストが上がるケースや、整合性の担保が難しくなるケースもあるためむやみに分割を勧めるわけではありません。しかし、回復力や互いに独立したビジネスドメインを加味して分割を検討することは、業務継続性の観点でも重要です（図6.4）。障害の観点については次章でも触れますので、そちらも参照してください。

図6.4：モノリシックなシステムとマイクロサービスのトレードオフ

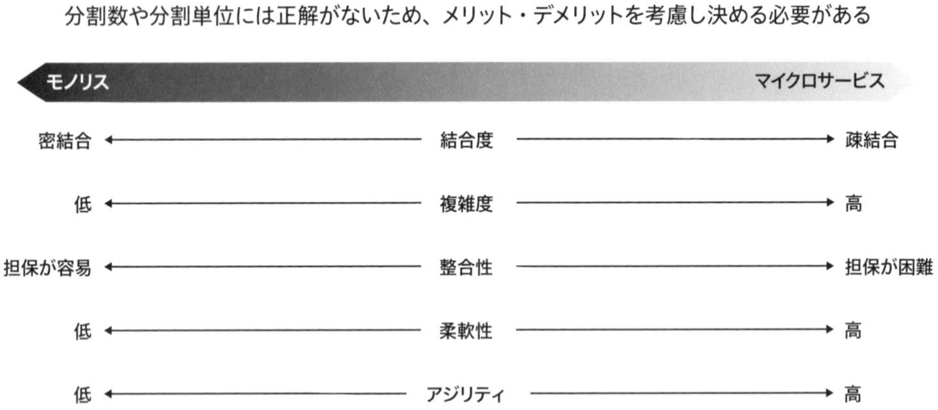

分割数や分割単位には正解がないため、メリット・デメリットを考慮し決める必要がある

モノリス		マイクロサービス
密結合 ←→	結合度	→→ 疎結合
低 ←→	複雑度	→→ 高
担保が容易 ←→	整合性	→→ 担保が困難
低 ←→	柔軟性	→→ 高
低 ←→	アジリティ	→→ 高

● スケールインにおいて考慮すべきこと

ここまでは主にスケールアウトを意識した観点を挙げてきましたが、オートスケールしたサーバーをそのままにすることはコストを増大させます。ゆえに増やした台数を適切に減らすスケールインについて考えることはスケールアウトと同様に重要です。

アプリケーションがステートレスに作られているのであれば、スケールインは比較的容易に実施できます。一方で、ステートフルなアプリケーションの場合はより複雑な考慮が必要です。例えば処理の途中経過やセッション情報をサーバー内に保持している場合、これらを退避させる必要があります。処理を正常にハンドリングし、サーバーの停止による意図しない処理の中断を防ぐためには、以下のような仕組みを使ってデータの待避や保存を行うことが重要です。

- 終了ポリシー
  - スケールインの際に、終了するインスタンスをどのような基準で選ぶかを定義する仕組み
  - たとえばAmazon EC2において複数AZでスケールアウトした場合、インスタンスはAZを跨いで配置される。これをスケールインする際、複数AZを維持しながら減らすのか、片方に寄せるのか、目的に応じて適切に終了インスタンスを指定する際などに使われる
- スケールイン保護
  - 処理が動いているサーバーを停止しないための仕組み
  - なんらかのメトリクスをもとにスケールインイベントを設定した際、閾値を下回ると自動的にリソースが停止されるが、この際に特定のサーバーの中では処理が継続しているケースもある。処理の前処理でこの保護を有効にすることで、処理中のスケールインを防ぐことができる
- 終了ライフサイクルフック
  - インスタンスの開始・終了時にプログラムなどを起動する仕組み
  - これをトリガーにして、稼働中のプログラムに終了処理を行わせることが可能

もちろん処理の種類によってはこれらを意識せずともスケールインできるものも多くありますが、観点として事前確認し必要に応じて取り入れることをお勧めします。

非同期アーキテクチャによるスケーラビリティ

スケーリングの仕組みを活かすうえで重要な要素の一つとして、非同期処理を前提としたアーキテクチャという選択肢もあります。

従来のアプリケーション設計において、単一のサーバーもしくはHAクラスターを前提とした構成の場合には、大部分が同期処理になっているのではないでしょうか。同期処理はアプリケーションの整合性を担保しやすく、また必ず処理の結果が出てから次の処理を行うことから実装上の難易度を低く抑えられるというメリットがあります。

一方で、処理が終了するまで次の処理に進めないため、アプリケーションの負荷が高まると処理の滞留が急激に起きやすく、サーバーリソースをスケーリングをしてもすでに処理を待っているユーザの視点ではなかなか改善されないというデメリットもあります。もちろんタイムアウトやリトライの設計でデメリットを緩和できますが、同期的であることが必須ではない処理には非同期処理の活用をおすすめします。

非同期処理の特徴は、リクエストの受付と処理の実施を分離できることです。送信側は処理の完了を待つことなく受付の完了のみを応答するため、エンドユーザーに対する応答性の改善や処理能力の改善を図ることができます（図6.5）。

図6.5：同期処理と非同期処理

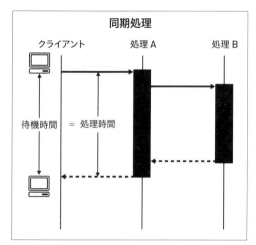
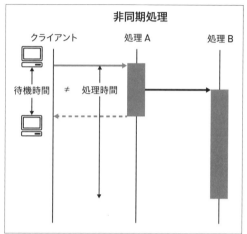

　一口に非同期処理と言っても実装方式は複数あります。詳細は後述しますが、代表的な手法として「キュー」「トピック」「ストリーム」などが挙げられます。派生的な手法である「イベントバス」も含めた4つについて、それぞれに紐づくAWSのサービスは**図6.6**のとおりです。

図6.6：非同期処理で使われるAWSサービス

| | メッセージストア || メッセージルーター ||
	キュー	ストリーム	トピック	イベントバス
AWSネイティブ	Amazon SQS	Amazon Kinesis Data Streams	Amazon SNS	Amazon EventBridge
マネージド オープンソース	Amazon MQ	Amazon MSK	Amazon MQ	

　では、それぞれの手法の詳細について見ていきましょう。
　「キュー」は、一時的にメッセージを格納する軽量バッファと接続エンドポイントを提供することで、メッセージの送信側（プロデューサー）と受信側（コンシューマー）を分離する考え方です。受信側のタイミングでキューを取りに行き処理する「Pull型」のアプローチになります。**図6.7**はAmazon SQSを使ったキューのアーキテクチャの例です。

図6.7：Amazon SQSを使ったキューのアーキテクチャ

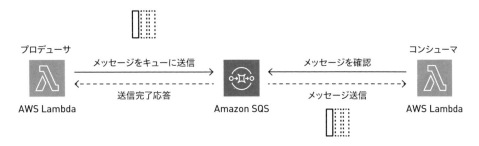

「トピック」は、通信チャネルとして機能する論理アクセスポイントを提供することで、送信側（Publisher）からのメッセージを登録（Subscribe）する複数の受信者に発行する「pub/subメッセージング」を主体とした考え方です。キューと違い、発行されたメッセージが受信側に届く「Push型」のアプローチになります。図6.8はAmazon SNSを使ったトピックのアーキテクチャの例です。

図6.8：Amazon SNSを使ったトピックのアーキテクチャ

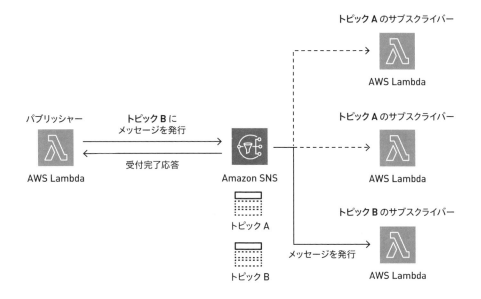

「ストリーム」は、データソースによって継続的に生成されるデータを低レイテンシーに取り扱うための考え方です。レコードの並べ替えや高速な読み書き、整合性をサポートするストレージレイヤと、そのデータを計算し不要になったデータを削除する処理レイヤから構成されます。図6.9はAmazon Kinesis Data Streamsを使ったストリームのアーキテクチャの例です。

図6.9：Amazon Kinesis Data Streamsを使ったストリームのアーキテクチャ

「イベントバス」は、キューやトピックを使った応用的な手法です。送信側からのイベントやメッセージを受信するパイプラインにより、事前に定義されたルール条件に一致するかチェックし該当する受信者にルーティングする考え方です。図6.10はAmazon EventBridgeを使ったイベントバスのアーキテクチャの例です。

図6.10：Amazon EventBridgeを使ったイベントバスのアーキテクチャ

● 非同期処理の適用のポイント

ここで、Ticket Storeを例に非同期処理の適用について考えてみましょう。

たとえば、チケットの購入手続き完了後に確認のメールを送信するしくみを設けたいとします。このとき、チケットの在庫管理情報をデータベースに書き込み、メール発信を非同期に行うことができるでしょう。このような構造にしておくことで、メール配信に障害や遅延が起きたとしても、購入自体は影響を受けずに業務を続けられます（図6.11）。また、非同期処理にキューを使うことで、処理量が多い場合でも後続の処理をスケールアウトしやすくなります。

同様な考え方で、購入に対するポイント付与やチケットの郵送などもメール配信と並列に非同期処理として切り出しやすいしくみです。

図6.11：同期・非同期処理のイメージ

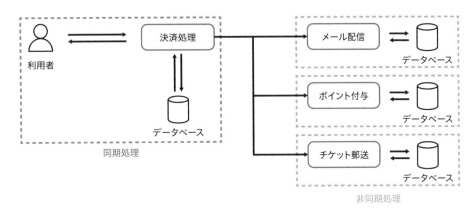

このような並列処理を行わせるケースについては本章の後半でもあらためて紹介します。

● 非同期処理での整合性の担保

ここまでで触れた特徴のように、非同期処理は障害や遅延の極小化、スケーリングの観点でメリットがある一方、多くのビジネスワークフローにおいて整合性が求められ、それが非同期処理をシステムに取り入れるうえでの課題としてしばしば挙げられます。

この整合性の担保について、先ほどと同様Ticket Storeにおけるチケット購入の例で考えてみましょう。

まず、在庫管理情報の書き込みは同期処理で行います。ACID特性についてあらためて解説はしませんが、同期処理の場合、ACID特性のうちの「原子性」を担保するためにすべての処理が完了を待ってデータベースへのコミットするため、処理のエラーによる不整合は起きにくくなっています。

一方で、非同期に発信されるメールや郵送、ポイントシステムのいずれかで障害が起こった場合、「購入は完了しているけれど購入確認メールは発信されていない／ポイントは付与されていない」といった不整合が起き得ます（図6.12）。

図6.12：非同期処理の障害

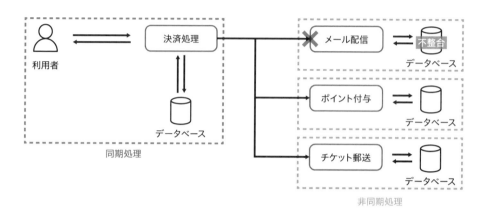

では、不整合を避けるためにどのような実装方法が考えられるでしょうか？

同期処理で行う場合は分散トランザクションとしてフェーズコミットを思い浮かべる方も多いことでしょう。しかし、分散トランザクションはトランザクションマネージャーの扱いや製品への依存などの難しさがあるうえに、どれか1つのコンポーネントで障害があるとすべてが停止する密結合なシステムになってしまうという課題もあります。

では非同期処理の場合はどうでしょうか？ 非同期処理を含む分散システムにおいて重要になるのが、「結果整合性」という考え方です。結果整合性とは、分散システムの各データストアのデータ更新において、一時的な不整合は発生したとしても、最終的には一貫性のある状態になるという性質のことです。

結果整合性を担保するうえでのパターンについては本章後半でも紹介します。

制限をコントロールする

ここまでは主にアプリケーションアーキテクチャ面での考え方を述べましたが、スケーラブルなアーキテクチャを実装するうえでもう1つ重要な要素が「制限」です。いくらリソースを増やせるとしてもリソースにかけられる予算は有限です。また、意図しないリソース消費も避けなければなりません。これらに対する仕組みをコントロールする必要があります。

クォータの管理を自動化する

AWSアカウントには、AWSのサービスごとにデフォルトの「クォータ」というリソース作成の

上限があります^{注6.3}。このクォータは特定の利用者が大量にリソースを使うことを防いですべての利用者の可用性を保証すると当時に、利用者が意図せず必要以上のリソースを使ってしまうのを防ぐために設けられています。先に述べたオートスケールの設定や、マネージド型サービスによるスケーラビリティを設定する際には、設計上求めているリソースがクォータの上限を超えないかを事前に確認したり常時監視したりしながら、必要に応じて事前に引き上げ申請を行う必要があります^{注6.4}。

一部のクォータに関してはAWS Service Quotasというサービスで管理できるほか、クォータの上限に近づいているかはAWS Trusted Advisorでも確認できます。設計レビューでクォータに関する観点の追加や定期的な確認を運用に盛り込むのも重要ですが、先に挙げたサービスを使い自動化のしくみを設けることもできます。具体的な例はアーキテクチャパターンにて紹介します。

○ アプリケーションの流量制限

前項はAWSサービスのクォータの話題でしたが、AWSユーザー側、つまりみなさんが管理するアプリケーション自体でも近しい考え方を取る必要があります。

いかにスケーラビリティのあるシステムを構築したとしても、対処しきれない急なアクセス集中は起こり得ます。また多くのシステムは予算などコスト制約のある中でのシステム開発・運用が求められるため、スケーラビリティの限界があります。

そのような前提のある中でユーザーに影響を出さないためには、スケラービリティを確保するのに加えて、利用回数や上限の頻度を設ける必要があります。言い換えるとスロットリングやレートリミットを設計上意識しなければなりません。

Ticket Storeを例に考えるなら、トラフィックの大半は予約開始時間に集中することでしょう。このような過負荷の起こりやすいケースにおいて、静的コンテンツはCDNによるキャッシュ層を設けることでオリジンサーバーへの負荷を緩和します。一方、Web APIで提供する動的コンテンツにはキャッシュ層を単純には設定できません。また、先に述べた考え方に基づきサーバーリソースをスケーリングすることで処理能力を上げる設計をしていても、スケールしたリソースが立ち上がるまでの時間 (Rampup時間) がかかります。

ここで重要になるのがアプリケーションのスロットリング、レートリミットです。クライアントからのリクエスト数に一定の条件を設け、必要に応じてHTTPステータスコードの429 (Too Many Requests) をレスポンスします。そして、クライアント側でこのステータスを適切にハン

注6.3　以前は「制限」と呼ばれていました。AWSにおいては、とくに明記されていないかぎり、リージョンごとにクォータが存在します。クォータについては引き上げリクエストができますが、リクエストできないものもあるので注意が必要です。

注6.4　ただし、上限緩和申請は必ずしも許可されるとはかぎりません。非効率的なリソース利用がされる設計の場合、改善の提案を前提としての緩和や、ハードウェアの制限から緩和できないクォータも存在します。また、場合によってはAWSアカウントの分割も検討するとよいでしょう。

ドリングすることで過負荷によるエラーを緩和します。これに関しては次章で紹介するタイムアウトやリトライの実装も参考にしてください。

　一方、たとえば従来のMVCフレームワークで作られたようなアプリケーションでは構造上スロットリングをしづらかったり、アプリケーションに手を入れられなかったりすることも多いです。そのような際は、先着順、ランダムまたはCookie属性に応じて待合ページに誘導するしくみ（「Virtual Wating Room」といった呼ばれ方をします）を設けることも対処の1つとなります（図6.13）。

　ただし、このようなしくみはユーザー体験を損なうことも多く、あくまでも本章で述べたスケーラビリティを確保する設計や、Web APIのスロットリングを検討したうえで、工期やコストに応じて選択するのをお勧めします。

図6.13：Virtual Wating Room

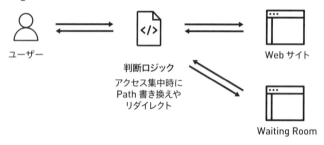

アーキテクチャパターン

　それでは、スケーラブルなアーキテクチャを実装するためのアーキテクチャパターンをより具体的に紹介していきましょう。

○ オートスケールのためのパターン

EC2でのオートスケール
　まずは、EC2で動くアプリケーションをオートスケールを活用するパターンについて考えます。
　図6.14のようなシンプルな3層アプリケーションをオートスケール前提で構成すると図6.15のようになります。Webサーバーの役割によってはALBとS3で代替できる場合もありますが、ここでは対比しやすいように構造を維持しています。

図6.14：シンプルな3層アーキテクチャ

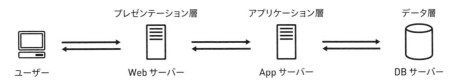

図6.15：EC2のオートスケーリングを活用する構成

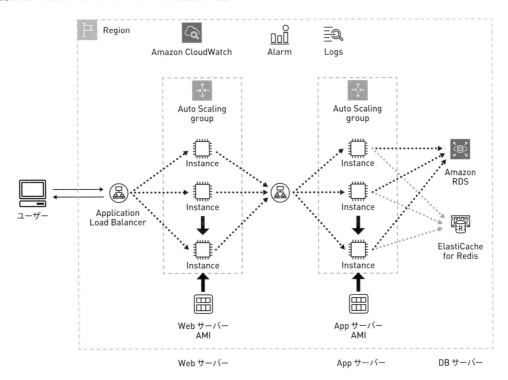

このアーキテクチャのポイントを解説しておきましょう。

まず、スケールアウトで追加されたサーバーへのルーティングや、サーバー状態を確認するヘルスチェック、スケールインの際の切り離しなどの機能を担うロードバランサーを経由する構造にしています。また、「サーバーに依存しないセッション管理」の項でも触れたとおり、アプリケーションサーバーのセッション情報をサーバー内部ではなく外側のデータストア（Redis）に保存しています。

ここで見落としがちなのがサーバー上のログの扱いです。1台のサーバーでアプリケーションを構築している場合、サーバー上にログを保存し必要な際はそこにアクセスし調査することでしょ

う。しかしオートスケールを活用してサーバーの台数を増やすようなケースでは、サーバーを横断した調査やスケールインしたサーバーのログの扱いを加味して、ログ収集サービスを使うべきです。ここではCloudWatch Logsを利用してログを収集しています。

　オートスケールするサーバーは、Amazonマシンイメージ（AMI）から起動されます。図6.15は最新のアプリケーションのAMIが準備されていることが前提となっていますが、常にAMIを更新するのではなく、CodeDeployと連携して起動したサーバーに最新のアプリケーションをインストールする構成も取れます[注6.5]。

ECSでのオートスケール

　次はコンテナのオートスケールについて、ECSを例に考えます。Amazon ECSの場合はホスト、つまりタスクが実行される環境をEC2とFargateから選ぶことができますが、図6.16ではEC2を前提としています。

図6.16：ECSのオートスケール

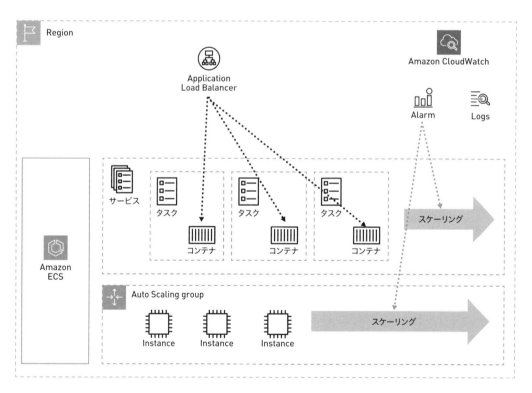

注6.5　https://docs.aws.amazon.com/ja_jp/codedeploy/latest/userguide/integrations-aws-auto-scaling.html

第6章　スケーラブルなアーキテクチャを実装する

　基本的な考え方は前項で触れた内容と大きく変わりませんが、「コンテナ（タスク）」と「コンテナが動くホストであるEC2」の双方が分かれてスケーリングする点で異なっています。ECSにおいては、以下の概念を理解しておくことが重要です。

- **タスク**：コンテナの設定情報を定義する「タスク定義」が起動されたインスタンス、コンテナの実態
- **サービス**：タスクの数を指定しインスタンスを維持するしくみ。たとえば2つのタスクが指定されている場合、1つのインスタンスが停止しても別のインスタンスを立ち上げ維持する
- **クラスター**：タスク、サービスと実行環境であるEC2やFargateを含めた論理グループ

　これらを踏まえてECSのオートスケールに話を戻しましょう。

　まず、コンテナイメージとリソース、設定を指定する「タスク定義」とタスクの必要数を指定する「サービス」をもとに、コンテナのインスタンスが起動します。たとえば2CPU、4GBのコンテナを1つ作るタスク定義と、このタスクを3つ維持する指定をしたサービスがある場合、必要なリソースの総数は6CPU、12GBになります。サービスのタスク必要数はCloudWatchのメトリクスと連携して必要数を増減、つまりオートスケールを設定できます。

　一方で、コンテナがオートスケールすることで増えたホストのリソースも必要になります。こちらは、EC2のオートスケールにより賄います。このように、「コンテナのスケール」と「EC2のスケール」の2つの要素をコントロールする必要があるわけです。

　そして、これをより簡易に管理するのに有効なのがCapacity Providersです。Capacity ProvidersはECSとホストにあたる実行環境の間をインターフェースとして抽象化するもので、Auto ScalingグループやFargateを紐づけて利用します。このとき、タスクをどのCapacity Providersと紐付けインスタンスを配置するかを定義するのがCapacity Provider Strategyです（図6.17）。

101

図6.17：Capacity ProvidersとCapacity Provider Strategy

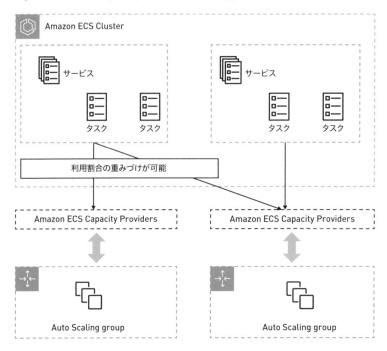

　Capacity Providersとタスクが紐づくことで、必要リソースに対するクラスターの状況をメトリクス（`CapacityProviderReservation`）として取得でき、オートスケーリングを設定できます。また、それだけではなく、Managed ScalingとしてECSに管理を任せることも可能です。Managed Scalingを使った場合、タスク起動時にクラスターのリソースが足りない場合でも、プロビジョニングのフェーズでEC2の起動を待ってタスクを起動してくれるというメリットもあります。

　ちなみに、Fargateを利用する場合はタスクで指定されたコンテナに必要なホスト環境が自動で提供されるため、ホストのスケールを意識する必要はありません（図6.18）。これが「サーバーレスコンテナ」と表現される理由です。

図6.18：Fargateのスケーリング

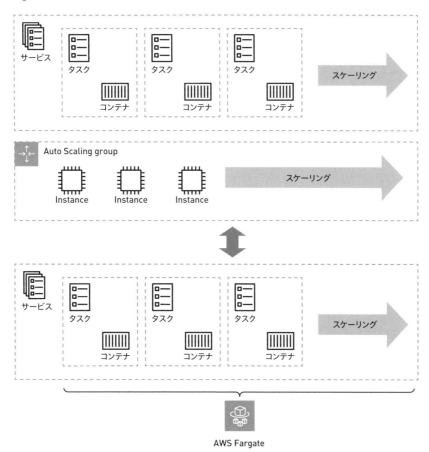

Lambdaでのオートスケール

続いてはLambdaを使ってアプリケーションを作る場合を考えます。ここではシンプルなものとして、図6.19のようにプレゼンテーション層にあたる静的コンテンツをS3から配信し、ロジック層をAPI Gateway経由で提供するシングルページアプリケーション（SPA）構造を考えてみましょう。

図6.19：Lambdaを使ったシンプルなWebシステム

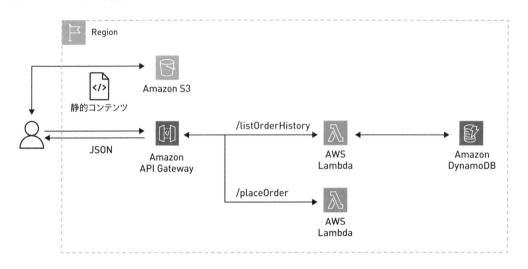

　購入履歴を一覧表示するWebページをこの構造で実現するとすれば、どうなるでしょうか。SPAの場合、ブラウザは静的コンテンツ（HTML、CSS、JavaScriptなど）をS3から取得し、ブラウザで描写します。そのうえで、ブラウザ上のJavaScript経由でAPI Gatewayの購入履歴（/listOrderHistory）のWeb APIにGETリクエストを送ると、LambdaはDynamoDBから情報を引き出し、JSONを返却します。そして、ブラウザのJavaScriptは、受け取ったJSONをもとにブラウザのHTMLを生成し描写します。

　Lambdaは負荷に応じてリソースのスケーリングを自動でしてくれるのでAPI Gatewayへの負荷を考慮したオートスケーリングをAWSに任せられます。また、CloudWatch Logsともネイティブに統合されているため、先ほどEC2のケースで意識したようなアーキテクチャ設計上の考慮点を大幅に削減できます。

　これは単なるサーバーの置き換えのような形での利用を推奨するものではないことに注意してください。「すでにサーバーで動くアプリケーションをLambdaで動かしたい」という要望を耳にすることもありますが、先に述べたセッション管理の外出しなどの対応は同様に必要です。

　また、Lambdaのハンドラーに合わせたソースコードへの対応など、サーバーで動く従来のアプリケーションの既存のミドルウェアやソースコードを流用できないケースもしばしばです。仮にそれらの対応ができるとしても、すべてのイベントでトリガーされるすべてのアプリケーションロジックを含むLambda関数を作らないように適切に分解することをおすすめします（図6.20）。

図6.20：モノリシックなLambdaと適切な分解

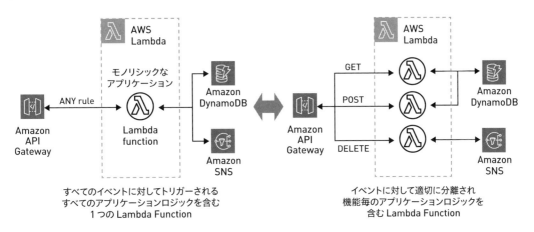

分解しない、いわゆるモノリシックな構造では、パッケージサイズが大きくなり起動時間が伸びてしまいます。もちろん、プログラムの複雑度が高いままLambdaで動かしてもアジリティは上がりません。また、図6.20のように呼び出すリソースが機能によって違う場合、さまざまなリソースへのIAMポリシーを付与する必要があり、「最小権限の付与」というセキュリティ観点でも懸念があります。

これらを踏まえると、サーバーレスの恩恵を受けるうえでこのような大きなコードベースを分解し、マイクロサービスのような小さなコード単位に移行することは重要です。

ただし、「アプリケーションを適切に分解する」の項でも触れたとおり、アプリケーションの分割によって複雑度が増し、整合性の担保が難しくなるという副作用もあります。ゆえに、ここで述べた考え方をもとに原理主義的な分割を推奨するわけでもありません。

あくまでも、インフラの視点ではなくアプリケーションの視点で、開発体制やコードベース、セキュリティを鑑みた適切な分割が重要となります。その際、Lambdaの中でのハンドリングで言語フレームワークを活用するために、Lambda Web Adapterも有効です。

モノリシックな構造で動かし、動く状態を担保しながら段階的に切り出すStranglerパターン[注6.6]のような戦略も活用しつつ、自組織に合わせた最適な分割の解を見つけることが成功の秘訣となります。

○ 結果整合性を担保する3つのパターン

とはいえ、「適切な分割」と言うのは簡単でも、それを実践に移すのは難しいものです。多くの

注6.6 https://paulhammant.com/2013/07/14/legacy-application-strangulation-case-studies/

第2部　回復力を高める

ビジネスワークフローは複雑なロジックで構成されています。

　Ticket Storeのチケット注文の処理でいえば、チケットの購入を確定し決済する、購入確認のメールを発信する、履歴情報に反映するといったさまざまな処理がワークフローとして行われます。これらのロジックを1つのLambda関数で実装してしまうと、読む、理解する、保守することに苦労する「スパゲッティコード」のモノリスなLambdaに陥る可能性があるでしょう。

　かといって、これらを「注文」「在庫管理」「決済」「購入確認」など、独立したLambdaに分解して実装した場合はどうでしょうか? せっかく分解した処理を同期処理として呼び出し合ってしまうと、モノリスなLambdaと本質的な課題は変わらず、ネットワークを介したぶんさらに複雑性が増してしまいます。

　一方で、これらの処理を非同期処理として扱うことができれば、Lambdaのスケーラビリティと相まってより効率的なリソース活用をできる可能性があります。ただし、「非同期処理での整合性の担保」の項でも述べたように、非同期処理において整合性の担保は課題になることが多いです。

　そこで、続いては非同期処理で結果整合性を担保するための代表的なデザインパターンを2つほど紹介します。

サガ・オーケストレーション

　1つめは「サガ・パターン」です。非同期処理のアプリケーション障害に対して前の状態に戻すための逆方向のロジックを実行する「補償（補正）トランザクション」を発行し、フォワードリカバリを行う考え方です。「サガ・パターン」と呼ばれるには以下の2つのバリエーションがあります。

- **コレオグラフィ**：全体の作業を制御する指揮者は存在せず、それぞれのサービスにあらかじめ与えられた動作条件にしたがってサービスを実行する非同期処理の実装方法。後述するファンアウトはこれに含まれる
- **オーケストレーション**：オーケストレーター（コーディネーター）が処理順序を管理する非同期処理の実装方法。呼び出される側の処理は順番など意識しないため互いに疎結合となるが、オーケストレーターが単一障害点になるリスクもある

以降では、このうち「オーケストレーション」（図6.21）を例に解説します。

図6.21：サガ・オーケストレーション

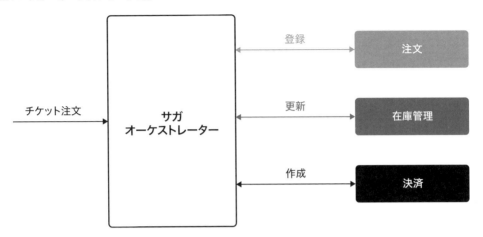

図6.21で示したように、このパターンでは「注文」「在庫管理」「決済」の各処理がデータストアを持つサービスとして独立しており、それらの処理をオーケストレーターがまとめる形をとっています。オーケストレーターがこれらの処理を呼び出し、各ステップの更新を完了して次のステップを呼び出す設計です。

このとき、図6.22のようにT3の「決済」でエラーがあった場合、すでに更新が完了されたT1、T2はすでに処理が済んでおりロールバックされません。データを戻すためにはオーケストレーターで補償トランザクションを発行しデータをもとに戻す必要があります。

図6.22：サガ・オーケストレーションでの処理フロー

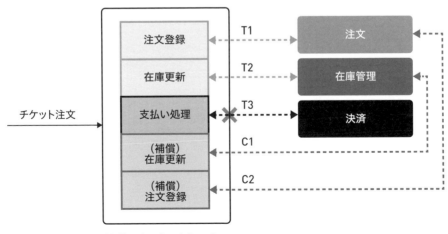

第2部 回復力を高める

このパターンは分散システムやマイクロサービスをまたがるビジネスワークフローで整合性を担保する方法として有効です。一方で、複雑になりやすく、オーケストレーターが単一障害点になるというデメリットがあります。

それを踏まえ、アーキテクチャの分割単位のバランスをとり、複雑で整合性の強い複雑なロジックをあえてモノリシックなアプリケーションとして作る使い分けが大事になります。

トランザクション・アウトボックス

もう1つ紹介するのは「トランザクション・アウトボックス」です。トランザクション・アウトボックスは主にマイクロサービスや非同期処理で使われる一貫性、結果整合性を担保するためのアーキテクチャパターンです（図6.23）。

図6.23：トランザクション・アウトボックス

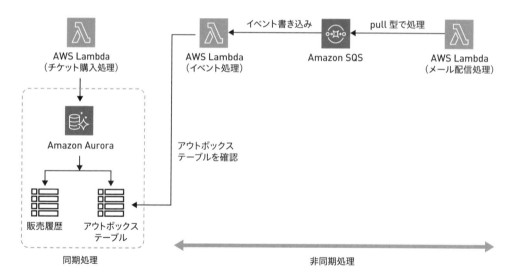

Ticket Storeの「チケットを購入確定し、購入確認のメールを発信する」という処理を例に考えてみましょう。まず、チケットを購入し、販売履歴テーブルに書き込み、データベースにコミットをするまでの処理は同期処理で実装します。また、メール配信に関しては購入との整合性は必要なものの、同期する必要はない処理のため、キューによる非同期処理として配信します（図6.24）。

図6.24：チケット購入確認メール発信のフロー

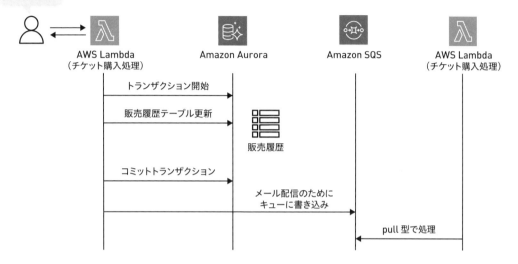

ただし、このフローだと販売履歴への更新をコミットしたあと、キューに書き込み前にエラーや障害があった場合に、データベース販売したものの購入メールが配信されない状態になります（図6.25）。

図6.25：キューの書き込みエラー

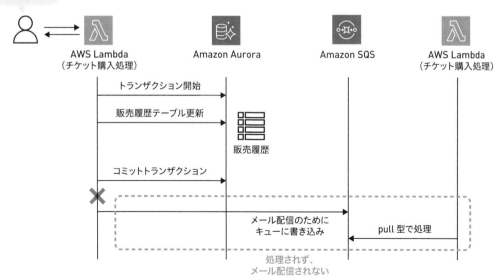

あるいは、データベースの書き込みとキューへの書き込みを並列に行っている場合、データベースへのトランザクションがロールバックされても、キューへの書き込みは成功しメールが配信されてしまうリスクもあります（図6.26）。

図6.26：ロールバックしたが配信されてしまう

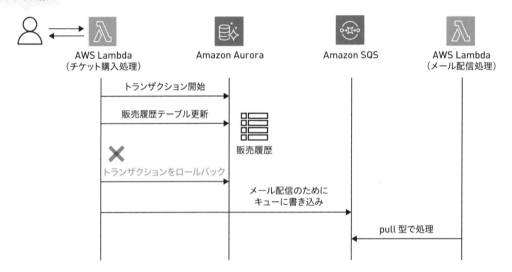

いずれのケースでも、整合性を担保するには補償トランザクションを実行する必要がありますが、複雑です。このようなケースでより簡易に使えるのが「トランザクション・アウトボックス」という実装パターンです。トランザクション・アウトボックスは今回のように1つの操作にデータベース書き込み操作と非同期的なイベント通知の両方が含まれる場合に起きる2つの書き込み操作の齟齬への対策として取られます。

今回のケースでいえば、チケットを購入の処理で、販売履歴テーブルに加えアウトボックステーブルの書き込みまでを1つのトランザクションとしてコミットします。これにより2つのテーブルでの一貫性を確保します。その後、イベント処理のロジックがアウトボックステーブルを読み込み、SQSに格納します。このようなステップを踏むことで、トランザクション側での2段階書き込みを防げます（図6.27）。

図6.27:チケット購入確認メール発信におけるトランザクション・アウトボックス

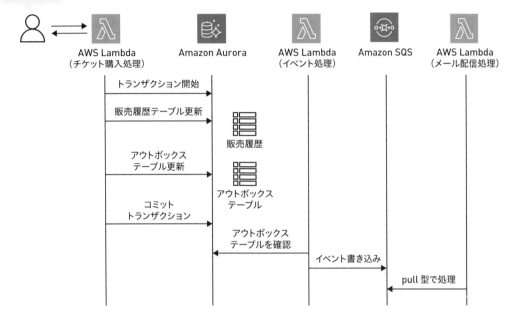

Change Data Captureを活用したトランザクション・アウトボックス

ここまで述べたトランザクションアウトボックスはAuroraなどのRDBMSを使った例を解説しましたが、Change Data Capture (CDC) のようなDBの差分データ抽出機能がある場合は、更新を追跡するための別テーブルを作成する手間が省けます（図6.28、6.29）。

図6.28:CDCを活用したトランザクション・アウトボックス

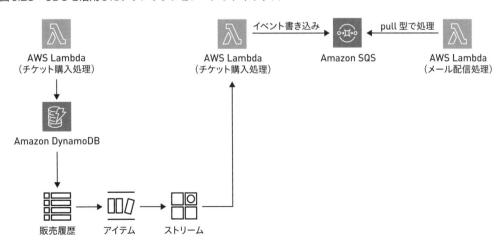

図6.29：CDCを活用したトランザクション・アウトボックスの処理の流れ

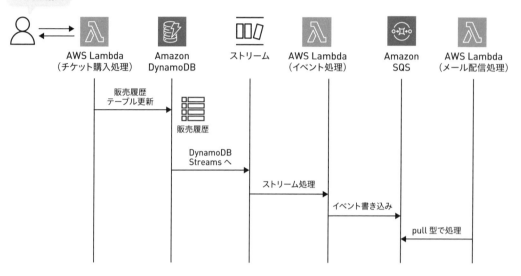

　ここで示したのはDynamoDBとLambdaを使った実装例ですが、DynamoDBはアイテムレベルの変更をAmazon DynamoDBストリームとして配信する機能があります。イベントを処理するサービス側はストリームから読み取り、後続の処理に繋げられます。このように、使うサービスや機能に応じて実装パターンは複数あります。

● SNSを利用した非同期処理のファンアウト

　ファンアウトとは、トピックを使った非同期処理の代表的な考え方です。図6.30のようにSNSトピックに発行されたメッセージがレプリケートされ、並列処理を行います。

図6.30：SNSを利用した非同期処理のファンアウト

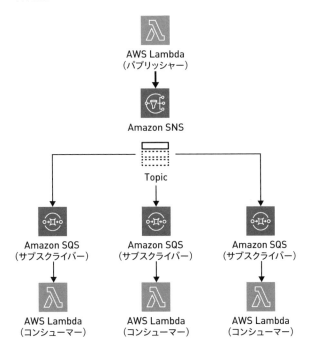

　非同期の並列処理では一般に、上流の処理となるプロデューサーが後続の処理のキューに書き込む形をとります。これによりプロデューサーとコンシューマーの結合度を低く、つまり疎結合にできます。ただしこれだけでは、新たな処理が増えるたびにプロデューサーのロジックを変更し書き込み先を追加する必要があります。

　そこでプロデューサーとキューの間にトピックを挟み、「プロデューサーがメッセージを発行し、コンシューマーがトピックをサブスクライブする」という構造に変えることで、コンシューマーが増えてもサブスクライブだけで並列処理を追加可能な構造になります（**図6.31**）。

第 **2** 部　回復力を高める

図6.31：ファンアウトへの変更

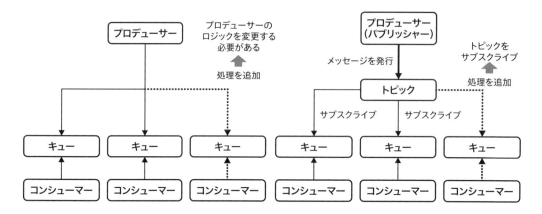

　たとえば、Ticket Storeにおいてチケットのオーダーを非同期で行っているとしましょう。ここで新たに「ユーザーにメールを発信する」「データ分析のためのDWHに書き込む」などの処理を追加することになった場合にファンアウトが有効です。

　応用的な使い方として、本番環境に送信されるデータをサブスクライブして本番同等の検証環境にレプリケートすることで[注6.7]、アプリケーションの改善とテストの継続実施のために使うケースもあります。

制限をコントロールするためのパターン

CloudFront Functionsを活用したVirtual Waiting Roomの実装

　想定外の急なアクセス高騰や、短期間ゆえに既存アプリケーションの修正が間に合わないケースは往々にしてあります。そのような際に活用できる考え方がVirtual Waiting Roomです。

　Ticket Storeでいえば、人気チケットの予約に対してアクセスが集中することは十分考えられます。このとき、有料サービスの会員に優先的に予約をさせる機能があるならば、CloudFront Functionsで有料サービス会員かどうかをCookieの値に応じて判断し、それ以外のユーザーのアクセスはURLのパスを書き換えることで静的なリソース（Virtual Waiting Room）へと誘導できます（図6.32）。

注6.7　データのプライバシーやセキュリティを加味する必要があるため、一定の作り込みや自社のセキュリティ要件に応じて環境の扱いが違う点には注意が必要です。

図6.32：パスベースのVirtual Waiting Room

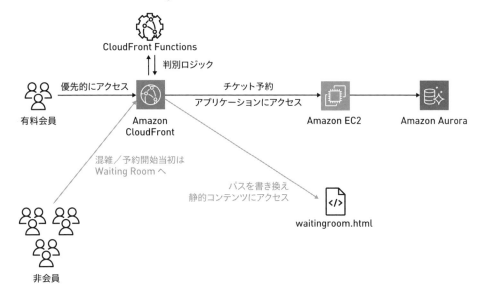

　この方法は「会員かどうか」に限らず、「ランダムに振り分ける」「先着順に振り分ける」などに応用できます。このように一定割合のアクセスに絞ることでアプリケーションのバックエンドに対しての負荷を低減させられるのです。

　また、チケット販売前のWebサイトへのアクセスやWebサイト全体の障害など、一時的にトラフィックを逃したい場面はあります。このような際はパスの書き換えではなく、別ドメインのVirtual Waiting Roomにリダイレクトする方法も有効です（図6.33）[注6.8]。

[注6.8] リダイレクトであるため、ブラウザに表示されるURLが変わる点に注意してください。もちろん、利用者が頻繁なブラウザの再読み込みなどをしても、もともとのサイトに対するアクセスが発生しないというメリットもあります。

図6.33：リダイレクトによる Virtual Waiting Room

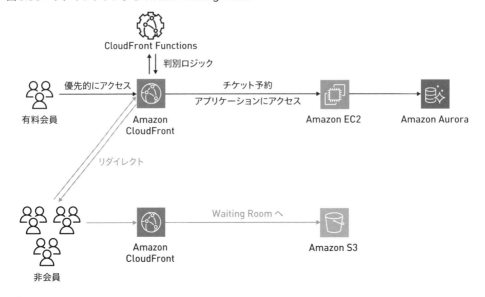

Amazon CloudWatch によるクォータ監視と自動化

CloudWatchにクォータが統合されたAWSサービス[注6.9]では、CloudWatchでグラフやダッシュボードを作成しての可視化や、アラーム経由での通知や自動化が可能です。

たとえば、EC2やFargateなどをオートスケールさせる際にクォータの制限によりスケールできないことがないよう、一定の閾値を超えたタイミングでSNSによって通知したり、Lambda経由でService QuotasのAPIを操作し緩和リクエストを発信したりできます（図6.34）。

図6.34：CloudWatchによるクォータの緩和リクエストの自動化

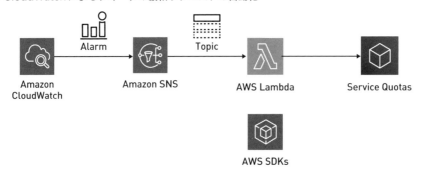

注6.9 https://docs.aws.amazon.com/ja_jp/AmazonCloudWatch/latest/monitoring/CloudWatch-Quotas-Visualize-Alarms.html

Service Quotas APIを介したクォータ監視

使用するサービスが限定的な場合はAmazon CloudWatchで賄えますが、多岐にわたるサービスのクォータを監視したい場合は残念ながらまだ未対応のサービスが多いです。そのような場合はService QuotasのAPIを呼び出して管理するしくみを構築する必要があります（図6.35）。

図6.35：Quota Listの作成方法

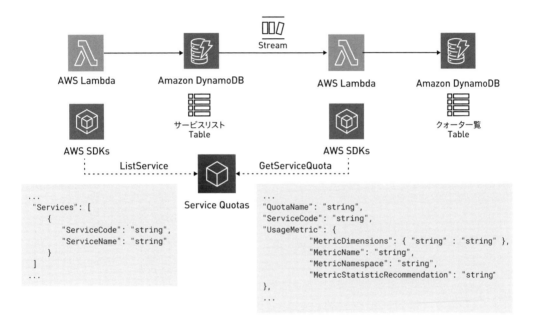

図6.35はLambda経由でService QuotasのListServices経由でQuotasと統合されたAWSサービスの一覧を取得しDynamoDBのテーブルに書き込むという構成になっています。DynamoDB Streams経由で後続のLambdaを呼び出し、同様にService Quotas APIを介してGetServiceQuota経由で情報を取得、DynamoDBの別のテーブルに保存して利用状況と比較します。

いちからこのようなしくみを実装することもできますが、ソリューションとしてQuota Monitor for AWS[注6.10]というマルチアカウントに対応したクォータ管理ソリューションも公開されています。

Quota Monitor for AWSは、通知や可視化を集約するモニタリングアカウント機能と、監視対象になるメンバーアカウント側でService Quotas APIとTrusted Advisorの情報を収集する機能の大きく分けて2つの構成要素に分かれています。状況に応じてこちらをそのまま活用や各々の機能から必要なものをカスタマイズして使うことも選択肢になります。

注6.10 https://github.com/aws-solutions/quota-monitor-for-aws

第**2**部　回復力を高める

第**7**章　障害からの自動的な復旧を実現する

　障害と一口に言っても、ネットワーク、データセンター、ハードウェア、ソフトウェアなどシステムはさまざまな要素が積み重なっているため、どのレイヤでの障害にどのようなリスクがあるかを分解・把握する必要があります。

　本書でもすでに述べてきたとおり、クラウドサービスを活用するにあたっては責任分界点を把握したうえでのサービス選択が重要になります。そして、マネージド型サービスやサーバーレスサービスを使うことで利用者が設計・担保する責任範囲を狭めることは、障害の可能性を減らすためのアプローチの1つです。しかし、いかに障害の可能性を減らすようにシステムを設計をしたとしても、「故障しないシステム」を構築することはできません。

　第2部の冒頭で「クラウドの回復性」に関して「AWSは、このようなAWSクラウドサービスを利用可能にするうえで商業的に合理的な取り組みを行い、サービスの可用性がAWSサービスレベルアグリーメント（SLA）を満たすか、それ以上を提供することを確認します」と述べられていることを確認しました。これは「システムが止まらないこと」の保証ではありません。

　したがって、障害が絶対に起きないことを探求するだけではなく、障害の可能性を許容し、万が一起きた際にリスクや影響を軽減し、システム障害の影響が拡大することを防ぐしくみや設計が重要となります。AWSにおいてこれを実現する際には、利用するサービスが「ゾーンサービス」「リージョンサービス」「グローバルサービス」のどれに当てはまるのかという点と、SLAを持つサービスであれば「どのような構成でSLAが担保されるか」という点に注目しておく必要があります。

　本章ではこうした観点から、「障害からの自動的な復旧」のためのアーキテクチャについて考えていきましょう。

リカバリ目標を定義する

　システムの復旧を考えるにあたっては、闇雲に目標を設定すればよいわけではありません。担保したい目標設定が重要です。一般的には目標復旧時間（RTO）、目標復旧時点（RPO）を定めたうえで、具体的な実装に落とし込みます。

- 目標復旧時間（RTO）：サービスの中断からサービスの復元までの最大許容遅延
  - これにより、サービスが利用できないときに許容可能と見なされる時間枠が決まる

118

第7章 障害からの自動的な復旧を実現する

- 目標復旧時点（RPO）：最後のデータ復旧ポイントからの最大許容時間
  - これにより、最後の復旧ポイントからサービスの中断までの間に許容可能と見なされるデータ損失が決まる

ただし、RTOやRPOを定める際、むやみに高い目標値を定めないよう注意する必要があります。RTOやRPOを短くするにはコストや難易度というトレードオフがあるからです。

たとえばミッションクリティカルなアプリケーションの場合、機能単位ではなくアプリケーション全体に対して非常に低いRTOが求められることが多いです。しかし、実際にはビジネス上、そこまで高いRTO要求が必要のない機能も多いでしょう。そのような場合には、RTOと同時に「目標復旧レベル（RLO）」を定め、「どの業務を」「どの程度の水準まで」の考え方も併せて定めるのも解決策の1つになります。実装の適用範囲を明確化することで、コスト最適化とビジネスの継続性を両立できます。

フェイルオーバーを実装する

障害に備えた代表的な設計として、稼働系の問題発生時に待機系へ自動で切り替えるフェイルオーバーがあります。一口にフェイルオーバーと言っても、想定する障害やRTO、RPOそしてRLOに応じて、さまざまな方法から選択する必要があります。

以降でフェイルオーバーの方法を概観するにあたって、AWSを例としてリージョンやアベイラビリティーゾーン（AZ）について少しだけおさらいしておきましょう。AWSのドキュメント[注7.1]から、以下にリージョンとアベイラビリティゾーン（AZ）についての説明を引用します。

AWSにはリージョンという概念が存在します。これは、データセンターが集積されている世界中の物理的ロケーションのことです。また、論理的データセンターの各グループは、アベイラビリティーゾーンと呼ばれます。各AWSリージョンは、1つの地理的エリアにある、最低3つの、それぞれが隔離され物理的にも分離されたAZによって構成されています。1つのデータセンターを1つのリージョンとして定義することが多い他のクラウドプロバイダーとは違い、全AWSリージョンが採用するこのマルチAZデザインは、お客様にいくつかのメリットをご提供するものです。各AZには個別の電力源、冷却システム、そして物理的セキュリティが備わっており、これらは冗長的でレイテンシーが非常に低いネットワークを介し接続されています。高度な可用性の実現にフォーカスしているAWSのお客様は、複数のAZで実行するようにア

注7.1 https://aws.amazon.com/jp/about-aws/global-infrastructure/regions_az/

第**2**部　回復力を高める

プリケーションの設計をすることで、より強力な障害耐性を実現できます。AWSのインフラストラクチャにおけるリージョンは、セキュリティ、コンプライアンス、データ保護からの要求を最も高いレベルで満たします。

このように、リージョンおよびAZのそれぞれに分離レベルが定義されています。この分離レベルに加えて、EC2のような仮想サーバー、RDSのようなマネージド型サービスの責任共有モデルの範疇を把握したうえで、サービスのフェイルオーバーを自身で設計する必要があるか、アプリケーションとして何を実装すべきかを理解した設計が必要になります。

これも踏まえて、フェイルオーバーの方法について概観していきましょう。

Route53によるフェイルオーバー

システムに障害があった際にドメイン名を変更せず、ドメインへのリクエストの受け先を変更する方法です。

この方法はサービスのDisaster Recovery (DR) などリージョン間でのフェイルオーバーや、リージョン内でも待機系を準備しているケースなど、アプリケーション全体の切り替えに使われる方法です。実際にAWSサービスにおいてもマネージド型サービスのフェイルオーバーでもこのしくみを使って切り替えるものが多いです。

加えて、Amazon Route 53 Application Recovery Controller (Amazon Route 53 ARC) を活用すると、リージョンやアベイラビリティーゾーン障害の際にゾーンシフトやルーティング制御によるより綿密なフェイルオーバーも実現できます。

ELBによるフェイルオーバー

リクエストの受け口であるロードバランサが後続のサーバーやコンテナの障害を検知した際に、リクエストの向き先を変更したり、対象のリソースを切り離したりする方法です。主にハードウェア障害やリージョン内のAZ障害などで活躍します。

たとえば前章で扱ったオートスケーリングの設定を適切に行っていれば、EC2やコンテナに異常があったとしても、切り離しとともに自動的に別インスタンスを起動し迅速な切り替えを行えます。もちろんロードバランサ自体の冗長性も必要になりますが、ELBの各ロードバランサは冗長化されているため、ELBの機能を適切に利用していれば意識する場面は少ないといえるでしょう。

マネージド型サービスの機能によるフェイルオーバー

多くのマネージド型サービスには、AWSの責任範疇の機能としてフェイルオーバーのしくみを設けたサービスが多いです。

第7章　障害からの自動的な復旧を実現する

　たとえばRDBのサービスであるAuroraの場合、プライマリーインスタンスが稼働するAZと別のAZにリーダーインスタンスを作成することで、障害時にリーダーインスタンスをプライマリーインスタンスに昇格する設定ができます。また、Aurora Global Databaseを利用している場合、セカンダリーリージョンのインスタンスを通常1分以内に昇格させる機能も提供しています。備えたい内容に応じてこのような機能を有効にすることですぐにフェイルオーバーのしくみを構築できます。

　一方、AWS Lambdaのようなリージョンに紐づくサーバーレスサービスの場合、一定のエラーが返されるリスクはあるものの、機器やAZ障害においてフェールオーバーをユーザーが意識することなく実施されるしくみになっています。

　ここまで述べたように、「採用するサービスが各々どの地理的範囲に紐づくのか」「マネージド型サービスとしてフェイルオーバーのしくみを設けられているのか」そして「自身が管理するアプリケーションのRTO、PROはどのような値か」といったことを意識することで、構築の際の実装量の少ない、コスト最適化された、障害に強いシステムを構築できます。

● グレー障害へのフェイルオーバー

　ここまで述べた内容は障害が明確な場合を前提としていますが、システムには「グレー障害」と呼ばれる別のカテゴリの障害があります。これは「視点別のオブザーバビリティ」という考え方と密接に関係します。視点別オブザーバビリティとは、システムの一部がシステムの異常を検出しても、システム自体の監視では問題が検出されないか、影響がアラームのしきい値を超えない状況を指します。

　たとえば、図7.1のように3つのAZにまたがるAuto ScalingグループのEC2があり、これらがAuroraデータベースに接続する構成があるとしましょう。AZ1とAZ2のネットワークに影響するグレー障害が発生したとすると、AZ1のEC2インスタンスからAuroraへのアクセスの一部が失敗します。一方で、EC2のステータスチェックやR53、NLBのヘルスチェックは正常とみなします。またAuroraのデータベースクラスターの状態は正常であるため、フェイルオーバーはトリガーされません。

図7.1：グレー障害の例

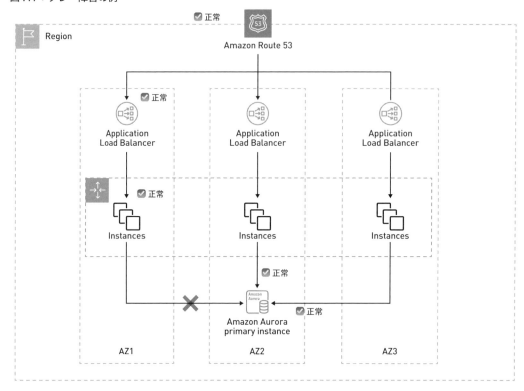

　一方で、システム利用者の視点で見るとAZ1のサーバーにアクセスしたユーザーはエラーやレイテンシーの増加などの影響が現れていると考えられます。これがグレー障害です。
　AWS環境でこのようなグレー障害が起きた場合の対処として以下のような方法が考えられます。

- 別のリージョンに構成されたディザスタリカバリー(DR)システムへフェイルオーバーする
- 障害が1つのAZに閉じられている場合は特定のAZを切り離す

　ただし、このようなプロアクティブな対応だけではなく、利用者への影響やRTOの観点で懸念がない場合は「グレー障害の終了を待つ」という選択肢も存在します。設定しているRTO、RPO、RLOをもとに、これらから最適な方法を取る必要があります。

マルチリージョンへのフェイルオーバー

　マルチリージョンアーキテクチャは広域災害や、サービス障害、グレー障害などさまざまなシナリオで機能するため、採用を検討されることの多い選択肢です。ただしマルチリージョンアーキテクチャは構築と運用が複雑になりやすく、データレプリケーションの制約などトレードオフ

がある点を忘れてはいけません。

図7.2に示したように、求められるRTO/RPOに応じて実際にとり得る構成は変わるため、どの構成を採用するかは慎重に検討する必要があります。RTOやPROが短いシステムにおいてはActive/ActiveもしくはActive/Passiveのウォームスタンバイ構成をとることになります。しかし、コスト面の増加や、とくにActive/Activeにおいてはデータの同期と欠損リスクにどのように対処するかの難易度が格段に高くなります。このようなトレードオフと先に述べたフェイルオーバーのしくみ、想定する障害や災害、RTO、PROを加味してマルチリージョンの必要性を考える必要があります。

図7.2：マルチリージョンでのディザスタリカバリーのパターン

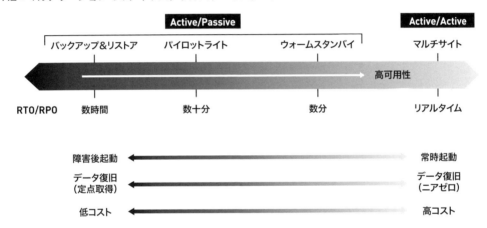

○ アベイラビリティーゾーンの退避

すべてのシステムにマルチリージョンが必要かというとそうではありません。実際、アプリケーション設計や利用するサービスによってはマルチAZ構成とグレー障害時のAZ退避のしくみを設けるほうがマルチリージョン戦略よりもRTOを低くできることもあります。では、具体的にどのような構成を取れるのか、代表的な考え方について紹介します。

アベイラビリティーの独立性

アベイラビリティーの独立性（Availability Zone Independence、AZI）は別のアベイラビリティーゾーンのプライマリデータベースインスタンスへの接続などの絶対に必要な場合を除いて、アベイラビリティーゾーンをまたぐリソース間のやりとりを防止する考え方です。アベイラビリティーゾーンごとにリソースを分離し独立性を担保します。

ただし、この方法にはトレードオフがいくつかあります。1つはELBのクロスゾーン負荷分散

を無効にする必要がある点です。クロスゾーン負荷分散が有効な場合、トラフィックは登録されるリソースへ均一にルーティングされます。一方で無効となっている場合、トラフィックは各アベイラビリティーゾーンへ均一にルーティングされます(図7.3)。これにより負荷が偏らないよう、リソース状況に気を配る必要があります。

図7.3：クロスゾーン負荷分散の挙動

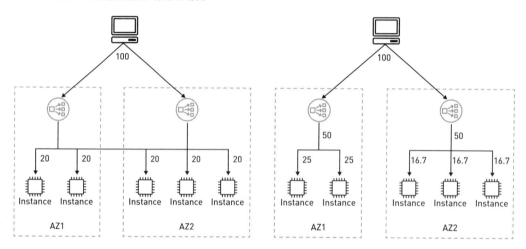

　もう1つはデータベースのリードレプリカの扱いです。プライマリーデータベースのみでRead/Writeを行う場合は、データベースの配置されるアベイラビリティゾーンで障害があった際に、自動または手動でフェイルオーバーしてシステムを継続できます。一方、リードレプリカに関してはフェイルオーバーしないため、AZIの構成で利用する場合は各AZにリードレプリカを配置し、アプリケーションは自身の所属するアベイラビリティゾーンのエンドポイントを適切に呼び分ける必要があります。

静的安定性

　次に紹介するのが静的安定性という考え方です。AWSの提供するサービスでももっとも重要視する特性の1つで、一言で表すと「依存先に障害が発生したり利用できなくなったりしても、追加の変更を加える必要がなく、システムは通常どおり動作し続ける、つまり静的な状態で動作する」という考え方です。

　Amazon EC2を例にして考えてみましょう。図7.4に示したとおり、EC2はインスタンスを作成、変更、または削除する機能であるコントロールプレーンと、実際にユーザーが作成してアク

セスするインスタンス、つまりデータプレーンとに分かれています。

図7.4：コントロールプレーン・データプレーン

統計的にコントロールプレーンの方がデータプレーンよりも障害発生率が高い事実に基づき、データプレーンに障害があったとしてもコントロールプレーンは独立して実行を継続できる（つまりEC2インスタンスを新規で起動できずとも、起動済みのインスタンスは影響を受けずに継続利用できる）状態を「静的に安定している」と言います。

先に述べたAZIも含め、マルチリージョン、マルチAZなどの戦略を考える際はこの静的安定性の考え方に沿った、コントロールプレーンに依存しない方法を考えていくことが重要です。

タイムアウト、リトライを実装する

先に述べたようなサーバーリソースやAWSサービスのフェイルオーバーを適切に設定すると同時に、アプリケーション側がその影響を適切にハンドリングし利用者に影響させないこともまた、回復力において重要な観点です。これを怠ると、障害によるインフラへの影響を一時的・局所的に留められたとしても、その一部の問題が周辺や全体に広がってしまう、いわゆるカスケード障害を引き起こしてしまいます。

カスケード障害を防ぐためには、アプリケーションとしてタイムアウト、リトライのしくみを組み込むことや、サーキットブレーカーの概念が重要な要素になります。

○ タイムアウト

Web APIの呼び出しやデータベースへのトランザクションなどのサービスへの接続にかかる時間、およびリクエストのレスポンスを待つ時間の上限値としてタイムアウトを設定します。タイムアウト時間は一般的に、許容できる失敗率をもとにパーセンタイル[注7.2]を設定し、実際のト

注7.2　第9章のコラム「パーセンタイルとは」も参照してください。

ランザクションのレイテンシーメトリクスに照らし合わせて設定します。

この際注意しなければならないケースがいくつかあります。たとえば、後続処理の呼び出しをインターネット経由で行う場合、通信状況により処理時間が安定しないことも多いです。また、安定的にレイテンシーが短い処理 (たとえば99パーセンタイルと50パーセンタイルでほぼ差がないような処理) の場合、通常時のレイテンシーをもとに設定すると少しの遅延でも大量にタイムアウトが発生してしまいます。このようなケースもふまえ、実測値から設定を随時見直していくことも重要です。

リトライとバックオフ

タイムアウトを受け取った場合、またはその他のエラーに起因して処理がエラーとなった場合はリトライする設計にすることが多いでしょう。ただしこのようなリトライには注意が必要です。リトライは「呼び出し側」が利己的に実施するため、たとえば複数のクライアントがリトライをかけた場合より負荷が集中し過負荷による障害の長期化を起こす可能性が高いです。

そこで、リトライの際にはバックオフ、つまり待機時間を設けることが重要です。バックオフのアルゴリズムとしては定数、つまり固定の秒数を加算していくロジックのほかに、指数関数的 (エクスポネンシャル) に秒数を増やすエクスポネンシャルバックオフという方法もあります。

ジッター

バックオフにはあくまでも規則性があり、多くの場合は長くなりすぎるのを避けるため上限値を設けます。障害が長期化した場合、結果的に多くのトランザクションが上限値の秒数でリトライするため、過負荷が根本原因の場合は機能しません。

そこでバックオフにランダム性を追加するのがジッターという考え方です。ジッターはリトライのバックオフアルゴリズムで起きる過負荷を回避するのに有効です。またそれだけではなく、並列の定期実行処理など負荷が集中する可能性のある処理に広く応用できます。

Step Functionsによるリトライ処理

Step Functionsには、ここまで説明してきたようなリトライ時のバックオフやジッターが機能として設けられています。図7.5はエクスポネンシャルバックオフの例です。

図7.5：Step Functionsでのバックオフ

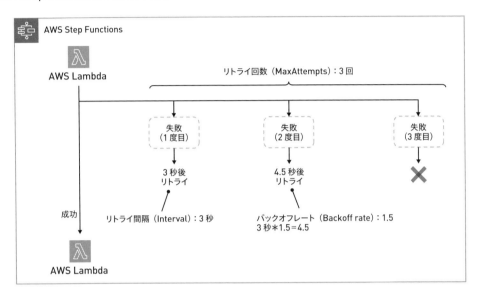

　たとえば、リトライの設定を以下のようにセットした場合、最初の再試行が3秒後に実施されます。その後2回目は3×1.5＝4.5秒、3回目は4.5×1.5＝6.75秒後に行われます。3回失敗した場合はワークフローが失敗します。

- リトライ間隔（Interval）：3秒
- リトライ回数（MaxAttempts）：3回
- バックオフレート（Backoff rate）：1.5

　上記の設定にジッター（JitterStrategy）を有効にすると、初回は0〜3秒、2回目は0〜4.5秒、3回目は0〜6.75秒と、バックオフの再試行時間を上限とした範囲内のランダムな時間で実行されます。

○ サーキットブレーカー

　先ほども述べたとおり、リトライの頻度などによってはトラフィックが増加し、過負荷によるカスケード障害を引き起こしかねません。とくに外部に公開しているWeb APIやサービスではクライアント側のリトライ実装を積極的に制御できません[注7.3]。そこで、エラーのしきい値を設けてそれを超えたら呼び出しを一時的に遮断する「サーキットブレーカー」を設けることも考えら

注7.3　SDKを提供を提供している場合は、Web APIの呼び出しロジックにリトライ実装も含めることで、このリスクを低減するAPI提供者も多いでしょう。

れます。

　サーキットブレーカーには常時トラフィックを流す「クローズ」、トラフィックを遮断する「オープン」、そして遮断後に条件付きで解放し、状況に応じてクローズまたはオープンに遷移する「ハーフオープン」の3つの考え方があり、これらを遷移することでトラフィックを適切に管理する方法です（図7.6）。

図7.6：サーキットブレーカーの状態遷移

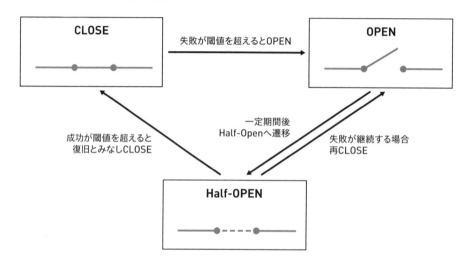

　サーキットブレーカーは、Web APIを呼び出すアプリケーション側で言語フレームワーク機能を使って実装されることも多いですが、サービスメッシュを使ってアーキテクチャとして組み込む方法もあります。

　サービスメッシュとは、マイクロサービスアーキテクチャのように互いに呼び出し合う構造のアーキテクチャにおいて有効な手法で、サービス間のすべての通信を処理するソフトウェアレイヤを設ける考え方です。マイクロサービスの前段に通信のモニタリング、ログ記録、トレース、トラフィックコントロールなどの機能を持つコンテナを配置しサービス間の通信を管理します。

　このコンテナの機能としてサーキットブレーカーを設けることで、アプリケーション側の変更や考慮を最小限に組み込めます。

安全なデプロイメント

　障害はハードウェアに起因する予期せぬものだけではなく、デプロイのようなシステムへの変更作業時に混入してしまうことも多いです。もちろん日々のリリース作業においてもそうですが、

障害対応のための緊急デプロイのような特殊な対応においては普段以上にリスクが高まります。このような変更作業での混入リスクを低減し、また混入時に迅速に検知し対処するしくみを設けることは非常に重要です。

　具体的な対処として、たとえば作業ミスに関しては、開発環境を含めたCI/CDのような自動化されたパイプラインを構築しておくことが重要です。それ以外にも、変更したアプリケーション資源への障害混入や複合的な要素による負荷高騰にはデプロイ方法によるリスク低減とロールバックのによる対処も考えられます。

　CI/CDについては第1部で解説したため、ここではデプロイの手法についていくつかピックアップして紹介します。

● ワンボックスデプロイとローリングアップデート

　ワンボックスデプロイとローリングアップデートは、主に下位互換の確認のために取られる手法です。最新のコードを1つの「ボックス」(単一の仮想マシン、コンテナ、AWS Lambdaの一部など)にデプロイして他の旧バージョンと併存させ、その状況をモニタリングすることで最新のコードが呼び出されたときに問題が出ないかを確認し、そのうえで他のリソースへと展開します。もし変更によりエラーや性能の問題が発生した場合は、速やかにロールバックします。

　ボックスへのデプロイで問題がなかった場合は、その後段階的にローリングデプロイをしていきます(図7.7)。ローリングアップデートは構成する仮想マシンやコンテナの数にも依存しますが、たとえば「25%ずつ」など割合を決めるのが一般的です。また、数が少ない場合は一括切り替えを行うケースもあります。

図7.7：ワンボックスデプロイとローリングアップデート

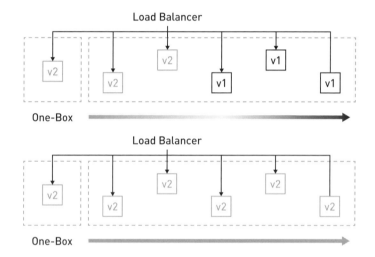

○ 時差デプロイ

「時差デプロイ」もローリングアップデートと似た考え方で、こちらはAWSのように複数リージョンで同じサービスを各々展開している場合などに、リージョンをいくつかのウェーブに分けてデプロイする方法です。たとえばリクエスト数の少ないリージョンへ最初にデプロイし、その後信頼性が高まった後に別のリージョンへと展開します。

これは、リージョンに限らず使える考え方です。AZIの構成をとっているシステムのAZを1つのウェーブととらえてのデプロイも時差デプロイの応用といえるでしょう。あるいは、シングルテナントSaaSサービスのように同じアプリケーションを複数テナントへ展開している場合であれば、テナントに優先順位をつけてウェーブとして扱うこともできます。

ブルーグリーンデプロイ

　アプリケーションやインフラストラクチャのリリースに際して、2つの同一環境（ブルー／グリーンアーキテクチャ）を構築しトラフィックを切り替える方法です。

　ブルー環境は現在の本番稼働環境、グリーン環境はそれを論理レプリケーションしたステージング環境として構築したうえで、グリーン環境にデプロイに際しての変更を反映させます。グリーン環境の変更作業とテストを行ったうえでブルーとグリーンのトラフィックを切り替え、グリーン環境を本番環境へ昇格させます。事前の検証環境の確保に加え、ロールバックが必要な際でも旧環境（ブルー環境）を再昇格させればよいため時間を短縮できるメリットもあります。

フェーズデプロイ

　ここまではおもにインフラへのアプリケーションのデプロイの毛色が強い話でした。一方で、アプリケーションの中身においてもデプロイにおける戦略は重要です。その1つがフェーズデプロイのような考え方です。

　2フェーズデプロイはロールバックの安全性を高める目的で使われる技術です。「XML形式でのRead/WriteをサポートするAPIをJSON形式を利用するよう変える」という例を図7.8に示します。

図7.8：2フェーズデプロイの例

　もしRead/Writeを同時にJSONに変えたバージョンを一度にリリースすると、呼び出し側の処理も同時に変更をする必要があり、リスクが高まってしまうでしょう。また、もしロールバックが必要となった際にも、API単独ではなく呼び出し側のアプリケーションとの関係性を加味する必要があり、難易度が高くなってしまいます。

　これを、一度ReadをXML／JSONの両方が使える状態に変更する（WriteはXMLを維持する）ようなV2フェーズを挟むことで、呼び出し元を変更することなくAPIのデプロイが可能になります。もし不具合があった場合のロールバックもAPIの中で影響調査を閉じることができます。

　次のV3フェーズでWrite側をJSONに変更したタイミングで呼び出し側が対応できていなかった場合でも、少なくともXMLでのReadは可能な状態を維持できます。何か障害があり、V3フェーズでロールバックをしなければならなくなった場合も前のV2フェーズに戻るので、一度JSONで書き込まれた情報をJSONでReadできます。

第2部 回復力を高める

● ロールバックとベイクタイム

　ここまで紹介したようなデプロイの方法を意識しても想定外の事象は発生するため、モニタリングベースのロールバックを準備することは必須です。ロールバックというと明確に作業前後でシステムが停まってしまう状況をイメージされることも多いですが、実際にはそれだけではありません。リリース前後でリクエスト数、リクエストの待ち時間、エラーの数などの変化がある場合、見かけ上はデプロイに成功していても性能劣化や一部機能での不整合が出ている可能性もあります。また、そのような兆候がリリースから一定時間経過後に急激に現れるケースもあります。ロールバックに関しては完全停止時に限らず、このような事態も想定する必要があります。そのためにはメトリクスの取得と、閾値を超えた場合に速やかに自動切り戻せるしくみが重要です。

　この判断をするうえで重要な考え方が「ベイクタイム」です。ベイクタイムはリリース後に一定時間影響を監視し続ける時間です。ワンボックスデプロイや時差デプロイのウェーブごとに一定時間の経過観察時間（ベイクタイム）を確保し、その期間に問題を検知した場合はデプロイに起因するものとして速やかに自動ロールバックを行います。とくにワンボックスや、最初のウェーブにおいては長めに取り、その後デプロイは時間を短縮するなど、リスクとスピードのバランスをとって設定するのをお勧めします。

　ECSのローリングアップデート機能や、AWS AppConfigのようなデプロイを支援するサービスの中でも、このベイクタイムを設定しCloudWatchのアラームをロールバックするしくみが設けられています（図7.9）。

図7.9：ベイクタイム

ベイクタイムの間のエラー率上昇はデプロイにともなうものととらえロールバック

アーキテクチャパターン

　それでは、障害からの自動的な復旧を実現するための具体的なアーキテクチャについて見てい

きましょう。

○ フェイルオーバーのためのパターン
Route 53を使った静的安定なリージョンフェイルオーバー

　リージョンのフェイルオーバーにおいては、早期かつ確実に障害を軽減して通常の運用に戻すためのアプローチが必要です。その際、DNSによるフェイルオーバーは多くの企業、システムで取られる方法です。ここではRoute 53を利用するパターンを紹介します。

　すでに述べたように、静的安定性を確保するにはコントロールプレーンとデータプレーンの理解と使い分けが重要になります。

　Route 53はコントロールプレーンが米国西部（オレゴン）リージョン（us-west-2）にあるグローバルサービスです。よってリソースの作成や設定にはこのリージョンのAPIエンドポイントを使用する必要があります。

　一方で、DNSのクエリへの応答やヘルスチェックはデータプレーン側の機能になります。Route 53はSLA 100%を満たすように設計されており、グローバルに分散されています。ゆえにフェイルオーバーのしくみを実装するうえではこのデータプレーンを使うことが信頼性において重要になります。

　具体的には、**図7.10**のようなRoute 53ヘルスチェックによるシンプルな自動DNSフェイルオーバーが考えられるでしょう。

図7.10：アクティブ／スタンバイ構成のRoute 53 DNSフェイルオーバー

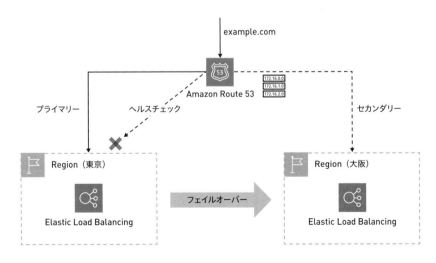

第**2**部　回復力を高める

この構成では、ヘルスチェック付きのフェイルオーバールーティングポリシーを使用してDNSが自動的にフェイルオーバーするよう設定しています。リソースに異常が発生し、なおかつセカンダリーが正常であれば、Route 53は自動的にプライマリーリソースからセカンダリーレコードへ向き先を更新し応答します。また、プライマリーレコードとセカンダリーレコードの両方に異常がある場合は、フェイルオーバーしても失敗するため、プライマリーレコードを返します。

このパターンで避けたいのはリソースの障害の誤検知によるフェイルオーバーです。

Route 53では8つの異なるAWSリージョンからリソースにリクエストを行い、アクセスできるかを確認します。Route 53がエンドポイントを正常と見なすには、デフォルトでは各リージョンの合計16のヘルスチェッカーのうち少なくとも3つ（18.75%）が正常であると認識する必要がります。また、これらは1回のレスポンスで判断されず一貫して繰り返し接続が失敗するときに障害と判断されるため、ヘルスチェックが正常と異常の間を行き来している場合や、ローカルネットワークの問題などで一部のチェッカーが異常と報告した場合でも、ヘルスチェックは異常と判定されません。

ヘルスチェッカーのリージョンと異常のしきい値の両方を設定で変更できるので、実際のシステムのフェイルオーバーの判断基準に応じて設定するようにしましょう。

Standby Takes Over Primary (STOP)

続いて紹介するのは「Standby Takes Over Primary (STOP)」と呼ばれるパターンです。STOPはスタンバイリージョンのリソースへのヘルスチェックを使用してフェイルオーバーを制御する方法です。プライマリーリージョンのリソースに依存せず、フェイルオーバーを実施できます。

構成としては、**図7.11**のようにプライマリーリージョンのアプリケーションを向いたRoute 53 DNSレコードに紐づいたヘルスチェックの対象を、スタンバイリージョンのファイルと紐づけます。具体的にはセカンダリーリージョンのS3でホスティングしたファイルを指定し、このファイルが存在する場合フェイルオーバー、存在しない場合は正常と扱います。

図7.11：STOPによるフェイルオーバーの例

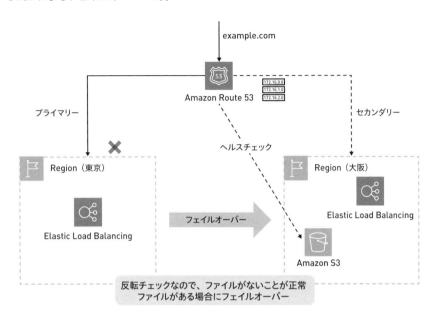

「ファイルが存在しない場合」ではなく、「ファイルが存在する場合」にフェイルオーバーさせているのがこのパターンのポイントです。「ファイルが存在しない場合」にフェイルオーバーする構成だと、スタンバイリージョンに障害が発生してファイルにアクセスできなくなった際にプライマリーリージョンに問題がなくともフェイルオーバーするリスクがあるため、これを回避するために反転させているのです。

ここではS3を使った例を挙げていますが、たとえばCloudWatchのアラームを利用しても同様のことが実現できます。

Amazon Route 53 ARCによるフェイルオーバー

3つめに紹介するのはRoute 53 Application Recovery Controller（ARC）を利用するパターンです。Route 53 ARCは可用性の高いアプリケーションの構築を支援するしくみで、アプリケーションのフェイルオーバーなどをコントロールプレーンへの依存せずに実行できます。Route 53 ARCのデータプレーンは5つのリージョンにまたがる専用クラスターとして作成され、データプレーン側でトラフィックを制御します。これにより米コントロールプレーンがる国西部（オレゴン）リージョン（us-west-2）の障害の影響を受けないほか、データプレーンのリージョン障害で2つのリージョンエンドポイントが使えなくとも動作できるのがポイントです。

Route 53 ARCには大きく分けて3つの機能があります。

- 準備状況チェック：Auto Scalingグループ、Amazon EC2インスタンス、Amazon RDSといったAWSリソースのクォータや容量などの準備状況を確認する機能
- ルーティングコントロール：Amazon Route 53ヘルスチェックと連携して、障害時にトラフィックをアプリケーションレプリカにリダイレクトする機能
- ゾーンシフト：NLB、ALBと連携して問題があるアベイラビリティーゾーン（AZ）を切り離す機能。この機能を使うにあたってはアベイラビリティゾーンに独立性の観点からクロスゾーン負荷分散がオフである必要がある点に注意が必要

準備状況チェックとルーティングコントロールを使ったケースを図7.12に示しました。

図7.12：Route 53 ARCを利用したフェイルオーバー

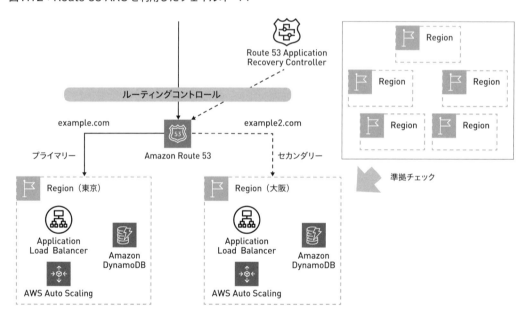

なお、図7.12にはありませんが、Route 53 ARCはAWS Resource Access ManagerによりAWS Organizationsの組織やOUでシェアして使えます。この機能により組織として複数のアプリケーションのフェイルオーバーに対してクラスターを共有してコストを抑えながら、一元的なオペレーションを組むこともできます。

○ アベイラビリティゾーンに独立性を持つアーキテクチャパターン

図7.13はマルチAZ構成で、AZの独立性を持たせるアーキテクチャパターンの構成例です。

図7.13：AZIを活用した構成

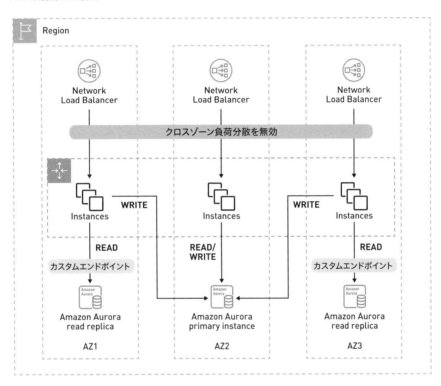

「アベイラビリティーの独立性」の項でも触れたとおり、ここでは大きく2つのポイントがあります。

まず、AZの独立性を持たせるうえではELB（図7.13の例ではNLBを使用）のクロスゾーン負荷分散を無効にする必要があります。無効な場合トラフィックは各AZへ均一にルーティングされるため、負荷が偏らないように各AZで設けるリソース量に注意します。図7.13の例ではマルチAZでのAuroScalingグループを設定しているため、基本的には均一を維持しようとします。

もう1つのポイントはデータベースへのアクセスです。プライマリーインスタンスに関しては各AZに配置できないため、図7.13の例ではプライマリーインスタンスをAZ2に配置し、他のAZにリードレプリカを配置する構成になっています。その際、Auroraのリーダーエンドポイントはデフォルトでは単一のエンドポイントを持つため、ANYタイプを使って各リードレプリカへのカスタムエンドポイントを使う必要があります。

このような構成をとっている場合、図7.14のようにAZ3で障害があっても、AZ1とAZ2は書き込み、読み取りともに影響を受けません。

図7.14：AZIを活用した構成での障害

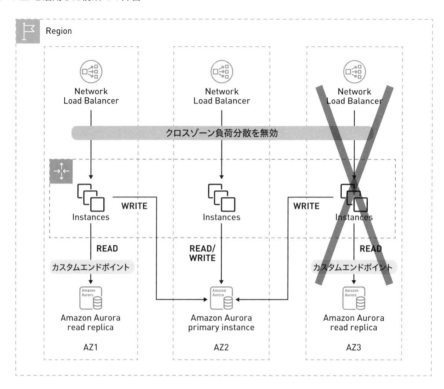

また、AZ2に障害があった場合もAZ1とAZ3の読み取りは影響を受けず、Auroraが（自動または手動）でフェイルオーバーすることで、データベースの設定変更なくAZ1およびAZ3で稼働できます。このように変更作業を最小限に抑えることで信頼性を向上できます。

なお、コンテナアプリケーションにおいてもAZIの考え方は同様です。図7.15はECSとEC2を使ったケースで、コンテナワークロードがアベイラビリティーゾーン全体に分散されるようCapacity Providersとそれに紐づくAuto Scalingグループを設定しています。

図7.15：コンテナを活用したAZI構成

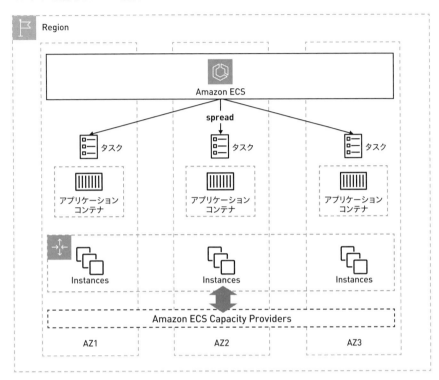

　EC2上で動くアプリケーションのコンテナは、図7.13の例と同様にAZに紐づいたリードレプリカを参照する形となっています。その際、タスク配置がアベイラビリティーゾーン全体にできるだけ均等に分散するために、タスクの配置戦略として「spread」を選択するのが好ましいです。
　これがECSとFargateを使う場合は、サービスやタスクの作成時にサブネットを指定することで紐づくアベイラビリティゾーンを決定されるので、もう少しシンプルになります。

○ 安全なデプロイメントのためのパターン
ECSでのメトリクスベースのロールバック
　図7.16はECSのローリングアップデートのイメージです。このECSのローリングアップデートの実行時に何か異変があった場合、CloudWatchアラームで状態を検知して状況に応じてロールバックできます（図7.17）。

図7.16：ECSでのローリングアップデート

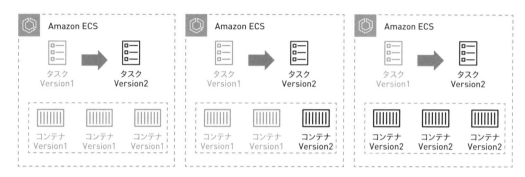

図7.17：アラームの状態を検知してロールバック

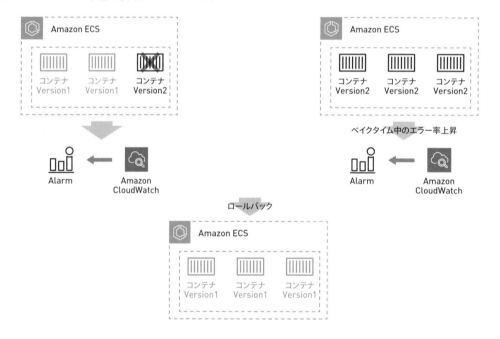

　ECSにはデプロイメントサーキットブレーカーという機能があり、タスクの起動やヘルスチェックの失敗をモニタリングしロールバックを行えます。ただ、実際にはコンテナが正常に起動してもCPU使用率やトランザクション量などのインフラの変化や、アプリケーションの挙動の問題が発生する場合もあります。このような兆候を元にロールバックするにはCloudWatchアラームを作成し、これを紐づける必要があります。

　このようにアプリケーションメトリクスをもとにロールバックする際は、先に述べたベイクタイムの概念も重要になります。アプリケーションのメトリクスの変化は、デプロイ直後よりも処

理が開始してからやWebシステムならトラフィックを受け始めてから顕在化することが多いです。ベイクタイムの設定が設定可能になっているため、追加デプロイ成功後に一定期間確認する時間を設けるとよいでしょう。

機能フラグを活用したデプロイと自動ロールバック

　機能フラグについては第3章でも触れました。そこでも述べたとおり、AppConfigに機能フラグという機能があります。本番環境においても事前にこのフラグ情報をアプリケーションに組み込んでおき、アプリケーションのデプロイを伴わずに機能の有効／無効化を行うことで、デプロイのリスクを減らす、または柔軟性を持たせることができます（図7.18）。

図7.18：AppConfigの機能フラグ

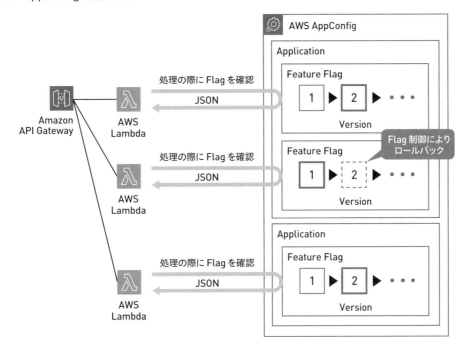

　AppConfigには「Application」「FeatureFlag」「Version」という概念があり、機能に対して「FeatureFlag」を設定します。図7.18ではLambdaを例に挙げていますが、Lambdaで動く機能が呼び出された際にFeatureFlagを確認し、その設定に応じた挙動をするように設計することで、アプリケーションのデプロイと実際の利用者に見えるの挙動を切り分けることができます。

　また、FeatureFlagのVersionを変更し有効化した最新の機能に問題があった場合、このFeatureFlagを切り替えるだけでロールバックできます。

○ App Meshによるサーキットブレーカー

　Web APIを呼び出すクライアント側、呼び出されるサービス側双方がみずからの管理下にあるのであれば、言語フレームワークの機能やサーキットブレーカーを実装したライブラリを使うことを検討できるでしょう。一方で、複数チームから共通で呼び出されるようなサービスの場合、呼び出し元のクライアントの実装を管理統制できないため、インフラ全体のアーキテクチャとして、もしくはサービス提供側でハンドリングする必要があります。

　あるいは自分たちでアプリケーションに機能実装できるとしても、メンテナンスコストやクローズ、オープン、ハーフオープンの状態遷移を保持するしくみやハンドリングなど気にすることが多く、できれば避けたいケースもあるかもしれません。

　すでに述べたとおり、このような場合にはサービスメッシュの中で実装、吸収する方法が検討できます（図7.19）。

図7.19：サービスメッシュ

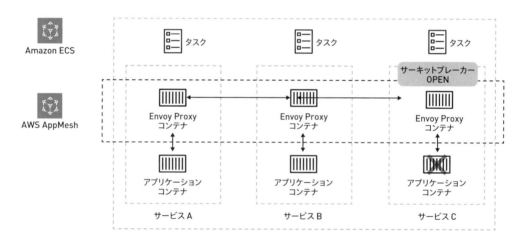

　ここでは、マイクロサービスの前段に通信のモニタリング、ログ記録、トレース、トラフィックコントロールなどの機能を持つコンテナを配置しサービス間の通信を管理しています。

　AWSにはApp Meshというサービスメッシュのマネージド型サービスがあります。App Meshは通信を管理するコンテナとしてEnvoyを利用しますが、このEnvoyにはサーキットブレーカーの機能が備わっているので、直接パラメータを設定し利用できます。また、App MeshのAPIを介してmaxConnectionsやmaxRequestsを設定してのトラフィックの制御もできます。

第 8 章　回復力をテストする

第2部ではここまで、回復力のあるアーキテクチャを構成し、自動的な復旧を実現する際のポイントについてお話ししてきました。

一方、これらで触れた設計をしっかり行っても、実際に必要な場面で機能しなければ意味がありません。本章では、本当に回復力の高いシステムの構成となっているかを検証し、日々の変更により回復力を損なっていないかを検知するための「テスト」について考えていきます。

スケーラビリティをテストする

ワークロードのスケーラビリティをテストするうえでは、適切な負荷をかけるための環境準備が多くのケースで課題になります。負荷をかける対象の環境が本番環境と違うために潜在的な課題を見落としてしまうケースもありますが、とくに予算が潤沢ではないプロジェクトやアプリケーションにおいては、負荷を再現するためのJMeterやGatlingのようなOSSツールを実行する動作環境についての課題をしばしば耳にします。

負荷テスト専用のサーバーを購入するのは経済的合理性から難しいことが多いでしょう。そしてそのような場合、開発端末やCIサーバーなどを負荷実行ツールの実行環境として使う組織が多いです。しかしそれでは、実行機器のスペック不足から想定の負荷をかけられず机上での検証になってしまったり、条件を再現するのに多くの時間や人がかかったりしてしまいます。

● 負荷試験に柔軟な環境を活用する

解決策の1つは、先に挙げたJMeterをはじめとしたツールをクラウドサービスの柔軟にスケールできるリソースの上で実行することです。たとえば図8.1のように実行環境を一時的に複数立ち上げることで処理性能を確保できるでしょう。

第 2 部　回復力を高める

図8.1：一時的な負荷テスト環境

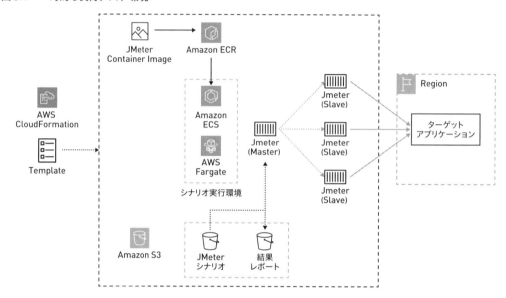

　Infrastructure as Codeを実現できていれば、このような実行環境をテストのたびに簡単に立ち上げられます。あるいは、本番環境と同じアーキテクチャ構成・設定値を再現してのテストでさえ、テスト時間分の課金で可能になります。このメリットを加味して稼働環境を設計し、テストを実行することが重要です。

　使い慣れたツールや環境があるならAWSサービス上でそれを使うよう構築するのも一案ですが、AWSではTaurus[注8.1]というテスト支援ツールを使ったJMeterスクリプトの自動実行のサポートや、ライブテストデータの表示に対応した「Distributed Load Testing」[注8.2]といったソリューションも公開しています。

　負荷テストツールの実行環境をクラウドに作るにあたっては、クラウド環境の構築やCLI経由での操作、レポートの扱いなど準備のために一定のAWS知識が必要になります。このようなソリューションを使うことでそれらの学習コストを最小限に留め、自動で環境を構築することも選択肢になります。

○「クラウドゆえの観点」での負荷テスト

　クラウドサービスで負荷テストをすることには、オンプレミスと同様の負荷テストでは見落としがちなクラウドゆえの観点を実環境で検証できるというメリットもあります。

注8.1　https://github.com/Blazemeter/taurus
注8.2　https://aws.amazon.com/jp/solutions/implementations/distributed-load-testing-on-aws/

たとえば、従来のオンプレミスでは想定負荷に応じた処理性能を準備し、想定最高負荷のテストを行うことでしょう。しかしオートスケールを活用したアプリケーションの負荷テストでは、その処理性能を満たすリソースが準備されるのにかかる時間やスケーリング中の挙動の検証も重要です。

また、サービスを使ううえでの非機能系のサービス、具体的にはIAMやAWS Secret ManagerなどAWS上でシステムを使ううえで重要なサービスの呼び出しに問題がないかの検証もテストケースに含めることができます。

● 負荷をシミュレーションする

クラウド上では負荷を再現することがオンプレミスより容易であると述べましたが、負荷を再現してテストするだけがすべてではありません。クラウドではオートスケーリングやその他のトリガーを擬似的に発生させることによるシミュレーションテストも実行できます。

もちろんシミュレーションせずとも、メトリクスの閾値を一時的に下げて簡単にスケーリングを起こすことは可能です。しかし、これはあくまでスケーリングやそれに付随するサービスクォータのテストであり、設定値のテストにはなりません。

そこで活用できるのがAWS Fault Injection Service（AWS FIS）というサービスです。AWS FISを経由して閾値を超える状態を起こすことで、負荷発生時の挙動を再現できます。

▌障害復旧のテストを行う

ここまでは主に負荷に応じた挙動について述べてきましたが、実際にスケーリングが発動するきっかけは負荷によるものだけではありません。予期せぬサーバーの停止などの障害が起因になるケースも多いです。これらの不足の事態に対するシステムの耐障害性や回復力を検証するには、意図的に障害を起こす「カオスエンジニアリング」という手法も有効です。

カオスエンジニアリングはクラウドサービスプロバイダ、インフラストラクチャー、ワークロード、コンポーネントレベルの各々において現実世界で起き得る障害を継続的に発生させる機能を組み込むことで、ワークロードの回復力を観察、測定、改善するための手法と考え方です。

先ほど紹介したAWS FISは、CloudWatchのアラームを発動するだけではなく、サーバーの強制的な終了やEBSのI/Oの一時停止、ネットワークの疎通障害などもシミュレートできます。実際の障害を想定してこのようなイベントの注入すること、または過去に起きた障害を再現して問題が解消されているかを確認することも回復力を確認するうえでは必要です。

第**2**部　回復力を高める

Game Dayを実施する

　ここまで紹介したスケーラビリティのテストやカオスエンジニアリングは、単にアプリケーションのリリース前のテスト項目として実施すればよいというものではありません。システムの利用者の推移は日々変化しますし、日々の改善によるシステム変更によりスケーラビリティが損なわれるケースもあります。また、多くのシステムでは運用手順書を文書化しますが、その手順書が機能するか実際に検証することも重要です。

　これらを確認するためにも定期的に「Game Day」を開催し、チームの「基礎体力」をつけることが重要です。Game Dayとは、避難訓練や消防訓練など、何らかのトラブルが起きた場合を想定した訓練を意味する言葉です。AWSでは「AWS GameDay」として「システム上でトラブルが起きたと仮定して、AWSのサービスを有効活用しつつ、課題を解決する」イベントを社内外に対して開催しています。

　Game Dayの目的は設計や検証環境でのテスト結果が本番環境でも計画どおり機能するかどうかを確認することですので、事前に「何がいつ起こるか」を決め、それに対する「手順書やマニュアル」を準備して臨みます。すべてのシステムが設計どおりに動作すれば、検出と自己修復が行われ、影響はほとんどありません。ただし、もし本番ワークロードに悪影響が観察された場合はテストを中止し、変更をロールバック、ワークロードの問題に応じて（ランブックを参照して）手動で修正します。

　このようなGame Dayを定期的に実施することで、実際のインシデントが発生したときにすべてのスタッフがポリシーと手順にしたがっていることを確認し、それらのポリシーと手順が適切であることを検証できます。

アーキテクチャパターン

　先ほども紹介したAWS FISは、Amazon EC2やECS、EKS、RDSをはじめとするさまざまなサービスでサーバー停止やAPIスロットリングのイベントを作成できるマネージド型サービスです。AWS FISはもちろん開発時のテストにも利用できますが、ここではリリース後も継続して検証するために、スケジュールに合わせ定期的に障害を起こす方法を紹介します（**図8.2**）。

図8.2：AWS FISにより定期的に障害を注入するパターン

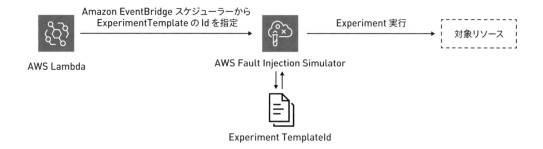

　ここでは定期実行のトリガーとしてAmazon EventBridgeを利用していますが、AWS FISはAmazon EventBridgeと統合されているため、APIを直接呼び出すことができます。

　定期実行ではなく、たとえばリリースプロセスに組み込みたい場合はAWS Step FunctionsやAWS CodePipeline経由での呼び出しに置き換えることもできます。AWS Step Funcitons経由の場合は、Amazon EventBridge同様直接AWS FISのAPIを呼び出しフローを作れますが、AWS CodePipelineの場合はAWS LambdaからSDK経由で実行する必要があります。

　では、これを第6章で紹介した2つの構成に適用してみましょう。

「EC2でのオートスケール」パターンへの適用

　まずは「EC2でのオートスケール」として紹介したパターンへの適用っです。

　何かしらの要因でEC2が停止したケースを想定すると、**図8.3**のような形でFISからaws:ec2:stop-instancesのAPIを呼び出します。設計どおり実装されていれば、EC2は自動的に指定台数復旧します。

図8.3：FISによるEC2の停止

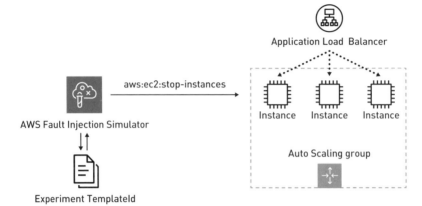

　この際、ALB経由で一定のトランザクションをかけることで、ユーザー視点でのアプリケーションへの影響の確認もできます。
　このケースはEC2のインスタンス障害を想定したものですが、たとえばCloudWatchのアラーム状態を指定することで、メトリクスが高負荷を示した際のスケールアップの確認もできます。それ以外にも、マウントしたEBSへのI/Oが停止したケース（図8.4）など、想定する障害に応じてテストケースを組みシミュレーションを実施することが有効です。

図8.4：FISによるEBSへのI/O停止

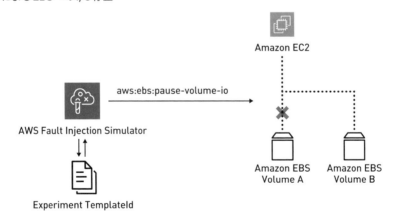

「ECSでのオートスケール」パターンへの適用

　続いて、「ECSでのオートスケール」として紹介した構成の場合を考えていきます。
　負荷に応じたコンテナおよびホストにあたるEC2のスケーリングを確認するには、aws:ecs:task-cpu-stressを使ってタスクのCPU負荷をシミュレーションします（図8.5）。

図8.5：コンテナのCPU負荷によるスケーリング

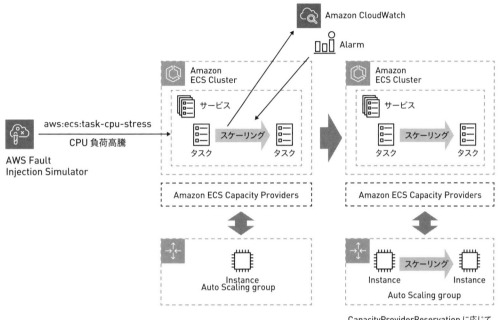

　このようにすることで、クラスターのリソースが足りている状態でのコンテナのスケーリング、およびクラスターに新たなコンテナを立ち上げるために必要なリソースがない場合のEC2のオートスケーリングの挙動の確認が行えます。

　ECSの回復力のテストにおいては、スケーリングだけではなくコンテナを実行するホストとなるEC2のメンテナンスや故障による入れ替え発生時にもコンテナが維持されることが重要です。この挙動はaws:ecs:drain-container-instancesによりシミュレーションできます（図8.6）。

第2部 回復力を高める

図8.6：ホストのEC2をドレイニング

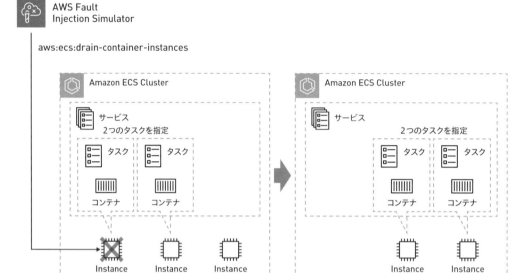

　ホストにあたるEC2が減ることで、EC2の中で稼働していたコンテナが別のEC2で起動され処理能力が維持されることを確認できます。また、このドレインによりクラスターのリソースがコンテナ起動に必要な分を下回った際のCapacity Providersの挙動も確認できます。

第 **3** 部

可観測性を高める

IIIIIIIIIIIIIIIIIIIIIIIIIIIIIII

◯第 9 章　可観測性を実装し運用する
◯第10章　AWS のサービスを活用してテレメトリを収集する

第3部　可観測性を高める

　第3部ではクラウドネイティブなアーキテクチャにおける可観測性（Observability）について解説します。

　可観測性とは、「システムの内部で何が起きているのかを説明できるシステムの状態」のことです。クラウド時代の新しいモニタリングの概念として近年よく使われるようになってきているため、言葉としては聞いたことのある方も多いのではないでしょうか。一方で、比較的新しい概念でもあり、明確な定義はまだないといった状況でもあります。

● クラウドネイティブ特有のモニタリングの問題

　では、なぜこういった新しい概念が必要になったのでしょうか。可観測性という概念が必要になった背景には、本書でも扱っているようなクラウドネイティブで疎結合なアーキテクチャが増えてきたことが1つの大きな要因と言えます。

　クラウドネイティブなアーキテクチャの登場によって、新しいアプリケーションや新機能リリースのアジリティー向上、そしてグローバル規模でのスケーラビリティを享受できるようになりました。その一方で、システムは爆発的な規模の拡大ができるようになった結果、システムの詳細をすべて把握することが難しくなり、可観測性を獲得していないシステムは障害発生時の対応や原因特定が難しくなってしまいました。

　たとえば、AWS上でコンテナを利用してアプリケーションをデプロイした場合、ワークロードが動くハードウェアやコンピュートリソースはその都度変わる可能性がありますし、オートスケーリングによって利用するリソースを大規模に増減させられます。サーバーレスにいたってはワークロードが動くコンピュートを意識することなく、大規模なスケーリングを行うことができます。そして、本書で扱っているようなクラウドネイティブなアーキテクチャでは、このような変化し続けるインフラ上で稼働するそれぞれの機能やコンポーネントが互いに連携して1つのシステム・サービスとして動作します。

　このように大規模な環境やシステムの状態が常に変化するような環境で障害が発生した場合、従前のリアクティブなモニタリングだけでは原因特定が困難になり、障害復旧までの時間が長くなってしまう傾向にありました。これではクラウドネイティブなアーキテクチャのメリットを享受するより、運用上のデメリットのほうが多くなってしまいます。

　クラウドネイティブなアーキテクチャを導入したはいいけれど、システムトラブル対応が多くて運用が辛すぎる。そんな経験がある方もいらっしゃるのではないでしょうか。

　このように、クラウドネイティブなアーキテクチャでは、今までのオンプレミスやモノリシックなアーキテクチャと同様のモニタリングの手法では、システムの状態を把握することが難しくなってきました。そのため、システム自身から「システムの内部で何が起きているのか」をプロアクティブに説明する、可観測性といった新しい方法が取られるようになっています。

●ビジネスとの緊密な連携に必須の可観測性

　一方で、ビジネスの観点も重要です。昨今ではITシステムはビジネスに必須のアセットとなり、ITシステムの健全性がビジネスの結果にまで直結するようになってきました。可観測性のゴールはシステムを安定稼働させることだけではありません。システムの安定稼働によってもたらされたビジネスの成功の可視化も目標となっているのです。

　そのため、これまでのシステム監視のようにCPUやメモリ利用率などのシステムリソースを対象にしたモニタリングだけでなく、エンドユーザーからのアクセス数や利用者数などのビジネス目標と緊密に連携したデータの収集も重要になってきます。

　したがって、優れた可観測性の実現には、IT部門だけではなくビジネス部門も巻き込んで実施する必要があるのです。

　この点について、「AWS Well-Architected Framework」における「運用上の優秀性の柱」のなかでも以下のように明確に述べられています[注9.1]。

> ワークロードにオブザーバビリティを実装することで、ワークロードの状態を把握し、ビジネス要件に基づいてデータ主導の意思決定を行うことができます。

　優れた可観測性は、熟練した開発者や運用者の経験則ではなく、事実に基づいたデータをもとにしたデバッグやトラブルシューティングを実現させます。これによって運用の手間や問題の解決時間を減らし、貴重なIT人材の人的リソースを新機能開発や性能改善など、ビジネスに貢献する作業へ充てることができます。

　また実際の商用システムから取得したデータを把握することで、複雑なコンポーネントで構成されたクラウドネイティブなシステムであっても、ビジネス、開発、運用の共通認識と相関関係を可視化できます。これによって、組織が一体となってシステムの運用ができ、スピード感を持った新機能への投資やリリースの意思決定、ひいては経営判断が可能となります。

　クラウドネイティブなシステムにおける可観測性の重要性について理解していただけたでしょうか。可観測性というのはクラウドネイティブなアーキテクチャを運用するうえで必要不可欠なしくみなのです。

　AWS上ではこういった可観測性の優れたアーキテクチャを実現するためのマネージド型サービスやツールが揃っており、すぐに活用できます。以降でクラウドネイティブなプラクティスと、AWS上でのアーキテクチャパターンや関連サービスをみていきましょう。

注9.1　https://docs.aws.amazon.com/ja_jp/wellarchitected/latest/framework/ops-04.html

第3部 可観測性を高める

第9章 可観測性を実装し運用する

　本章では、モニタリングにおける基本的な概念、そしてクラウドネイティブなアーキテクチャにおける代表的なモニタリング手法を紹介します。

可観測性の3本柱

　優れた可観測性の実現にはさまざまなデータをシステムから収集する必要があります。ここでは、優れた可観測性を実現するための代表的な考え方の1つである「可観測性の3本柱」を紹介します。これは、まとめて「テレメトリ」と呼ばれる以下の3つのデータの収集と可視化が優れた可観測性を実現するうえでのポイントであるという考え方です（図9.1）。

- ログ
- メトリクス
- トレース

図9.1：可観測性の3本柱

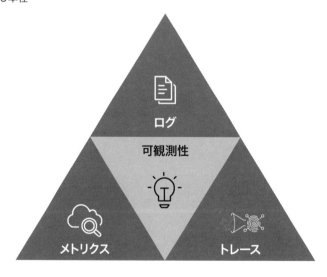

○ ログ

「ログ」は、アクセスログやエラー情報など、システム内で発生したタイムスタンプつきの詳細な情報のことです。各イベントが独立したレコードとして記録されるもので、一般的に「メトリクス」よりも多くの情報を含んでいます。

たとえばアクセスログであれば、下記のような形式になっているでしょう。

```
192.168.0.1 - - [24/Dec/2023:18:58:51 +0000] "GET http://user1-ecsdemo-nodejs.service:3000 HTTP/1.1" 200 61 "-" "Ruby"
```

○ メトリクス

「メトリクス」は、CPU使用率、リクエストレート、ストレージ残容量など、ある時点のなんらかのシステム状態を表現する数値情報です。一定間隔ごとの時系列データとして記録され、1つ以上のディメンションやラベルをメタデータとして持っています。

メトリクスは数値情報であるため、図9.2のようにグラフとして表現できます。

図9.2：CPU使用率

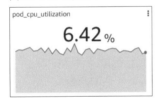

○ トレース

「トレース」は、1つのトランザクションを複数システムで構成するフロー情報です。たとえば「1つのHTTPリクエストの受け取りからレスポンスまで」をトレースの単位として考えることができます。トランザクションごとにユニークな識別子をもって記録され、システム間のやりとりに関するメタ情報を付与します。

トレースの情報は多くの場合、サービスの関連性を可視化するサービスマップ（図9.3）と、各処理の処理時間を可視化するリスト（図9.4）などで構成されます。

図9.3：サービスマップ

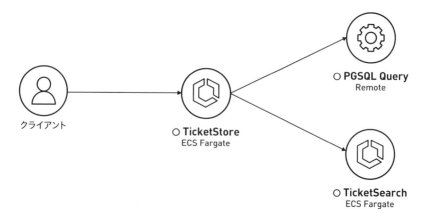

図9.4：トレースのリスト

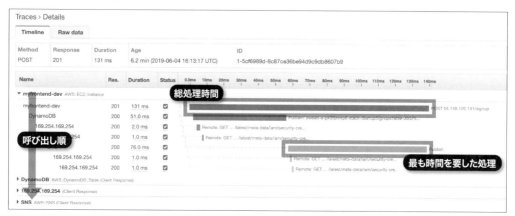

● 開発初期からの考慮が必要

　これらは、インフラやアプリケーションを含めたすべてのシステムコンポーネントに開発初期から標準で実装されており、その実装方法はシンプルでなければならないことに注意しましょう。実装が難しかったり、商用サービス開始後の追加実装はより多くの作業が必要になってしまい、導入のハードルが上がってしまいます。その結果、システムの機能提供に直接関係のない可観測性の実装は優先度が下げられ、ときには実装されていないといった事態が起こってしまいます。

　つまり、クラウドネイティブなアーキテクチャを構築する場合は、開発フェーズの最初から可観測性の機能についても標準で実装する必要があると考えるべきでしょう。そしてこういった意味でも、各テレメトリの収集が標準で行われるAWSのマネージドサービス群をより多く活用することで、可観測性をより容易に実装できるようになると言えます。

第9章 可観測性を実装し運用する

SLI、SLO、SLAとエラーバジェット

システムをモニタリングする指標として「SLI」「SLO」「SLA」があります。

- SLI (Service Level Indicator、サービスレベル指標)：サービスの稼働状況を数値化した指標。エラー率、応答時間などが挙げられる
- SLO(Service Level Objective、サービスレベル目標)：SLIの運用目標値。これを定めることで、そのシステムのサービスレベルを定義する
- SLA (Service Level Agreement、サービスレベル合意)：SLOを達成した場合、未達であった場合の規約。サービス提供者と利用者の間で合意した数値であり、守れなかった場合は一部サービス利用料の返金などが行われる

たとえば「Ticket Store」で有料のAPIサービスがあった場合は、下記のようにそれぞれ定義できます。

- 「サービスの可用性」というSLIに対して
  - SLOとして「サービスのアップタイムが99.95%」を設定
  - SLAとして「ダウンタイムの時間に応じて利用料を返金」を合意
- 「エラーレート」というSLIに対して
  - SLOとして「リクエストの成功割合が99.9%」を設定
  - SLAとして「失敗割合に応じてリクエストフィーを返金」を合意
- 「レスポンスタイム」というSLIに対して
  - SLOとして「99パーセンタイルの応答が200ミリ秒以下」を設定
  - SLAとして「応答時間の増加に応じて利用料を返金」を合意

これらはシステムの各コンポーネントなどで個別に定められることも多いですが、サービスの健全性をモニタリングするという目的においては、エンドユーザーがアクセスするAPIや機能の単位でも別途定める必要があります。

157

第**3**部　可観測性を高める

COLUMN

パーセンタイルとは

　パーセンタイルとは、ウェブサイトやAPIの応答時間の健全性やモニタリングによく利用される統計量です。平均値や中央値などと同様に統計で一般的に利用される値で、「指定した期間の測定結果を小さい値から大きな値に並べ、指定した割合にある値」を意味します。

たとえば、測定期間中のリクエスト数が10あり、応答時間が短い順に下記のようになっているとしましょう。

%	0	10	20	30	40	50	60	70	80	90	100
レスポンスタイム（ミリ秒）	8	10	20	40	100	120	130	131	140	141	250

　このとき、90パーセンタイル値は141ミリ秒となります。言い換えれば、90%のリクエストは141ミリ秒以下で応答できているわけです。

　パーセンタイル値をレスポンスタイムのモニタリングに利用するメリットは、平均値と比べて外れ値の影響を受けにくく、中央値と比べて影響を受けるユーザーやリクエストが多い障害を検知しやすい点にあります。

○ エラーバジェットにもとづくリリース

　ビジネスの観点からすれば、すばやく新しいアプリケーションや新機能をリリースしたいことでしょう。一方システム運用の観点では、機能追加によってユーザーに悪影響を及ぼすことを避けたいものです。こういった衝突は、クラウドネイティブなアーキテクチャに限らず、アプリケーションやサービスの運営にあたって、時として生じるものです。

　もちろん、不具合がまったくないアプリケーションや新機能をすばやくリリースし続けられることが理想ではあります。しかし、すばやいリリースには必然的にエラーが含まれてしまうのが現実です。

　そして、仮に新機能に軽微なエラーを含んでいたとしても、それは計算されたリスクとして許容したうえで、早期の市場投入の方がビジネスメリットが大きくなるケースも往々にしてあるでしょう。一方で、そのエラーによるユーザーへの悪影響が大きすぎると、ビジネスメリットを加味したとしてもトータルでマイナスになってしまいます。

　このような衝突を定量的なデータとして管理するための考え方が「エラーバジェット」です。サービスの信頼性がどの程度損なわれているか、定量的に計測し基準値に収まるようにコントロールするものです。言い換えれば、小さいミスを許容する代わりに、リリースのアジリティーを向上させられるしくみです。

　具体的には、「定義したSLOの範囲に収まっている間は新機能をリリースを実施できるが、

第9章　可観測性を実装し運用する

SLOを下回ってしまったり、危険域になった場合は新機能をリリースせず、SLOの改善、すなわちシステムの品質改善に注力する」という形式をとります。

　先ほどのSLI、SLO、SLAを例にして考えてみましょう。「サービスのアップタイムが99.95%」というSLOであれば、許可される月間ダウンタイム＝月間のエラーバジェットは約21分となります。そう考えれば、「月間のダウンタイムが15分未満なら新機能をリリースしてよいが、15分以上20分未満となっていたらリリースは行わない。それ以上になっていたら品質改善に注力する」といった具合です。

　ここで示したのはごくシンプルなパターンですが、エラーバジェットの消費速度（バーンレート）をモニタリングし、エラーバジェット枯渇までの時間や予想消費量をあわせて管理する手法もあります。

○ 100%のSLOを目指すべきか

　ところで、「絶対に失敗が許されない」「システムの停止は1秒たりとも認められない」といった、実質的なSLOが100%とされているシステムを見かけることがあります。

　コストをかけて100%を目指すことを否定するわけではありませんが、エラーバジェットの考え方はこれとは異なっています。ビジネス規模や重要度に応じたSLOを定めて、それに沿ったコストをかけるといった考え方なのです。

　過剰品質によって高騰したシステムの原価はサービスのROI低下につながり、新機能や新サービスへの投資を困難にし、ビジネスの加速を阻害してしまいます。また、この原価をサービス利用料の値上げという形で転嫁することも考えられますが、エンドユーザーの求める品質と価格のバランスが崩れてしまった場合、利用者の減少や離反に繋がってしまう可能性もあり、これもまたビジネスの加速を阻害する要因になってしまいます。

　一般に、可用性のSLOを一桁上げる、すなわち99.9%から99.99%といったように9を1つ増やすには、約10倍のコストがかかると言われています（**図9.5**）。「本当にそこまでのコストをかけて可用性を担保する必要があるのか」、あるいは逆にエラーバジェットが大量に余っているのであれば「SLOが低すぎるのではないか」など、SLOの値についてはビジネス部門も交えて定期的に見直すことが必要です。

図9.5：SLOとコストの関係性

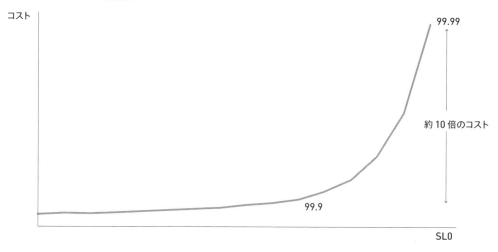

トリアージ

「トリアージ」は「優先度を付ける」といった意味です。もともとは災害時の医療で利用されていた用語で、ソフトウェアの世界ではセキュリティや脆弱性の分野で使われることもあります。本書では主にシステムの障害やアラートに優先度をつけて対応することについて解説します。

具体的には、障害の影響しているユーザーの多さやビジネスのKPIへの影響を判断基準に、対応の優先度をあらかじめ定義しておくということです。これにより、実際に障害が発生したときの対応を円滑に、かつビジネスインパクトを最小限にした形で行えるようになります。

優先度をつけるという意味では、大小すべてのアラートが全部運用者に通知されることも避けなければなりません。システムがオオカミ少年状態になってしまい、本当にビジネスインパクトを引き起こす障害を見逃してしまう可能性が生じます。また、システムによって生成される膨大なメトリクスから重要な情報を特定することは非常に困難ですし、軽微なアラートであってもすべて通知してしまうことで、運用者への負担が多くなり結果的に運用の品質低下やコストに影響が出てしまいます。つまり、より多くの情報が必ずしも良い結果を産むとは限らないということです。

CPUやメモリなどのリソース状況のアラートや軽微なアプリケーションエラーなどを、念のためすべてアラートとして運用者に通知するのではなく、エンドユーザーやビジネスのKPI、前述のエラーバジェットに影響しているメトリクスの異常値やエラーをアラートとして選別することで、よりビジネスインパクトの大きい要因から優先的に対応できます。また、トリアージも他の項目同様に一度優先度を決めて終わりではなく、運用しながら変更・改善していくことが必要です。

第9章　可観測性を実装し運用する

ビジネスの観点でメトリクスを収集する

　ここまで可観測性の向上のためのテレメトリデータを紹介してきましたが、収集すべきデータはどのような観点から選定すればよいのでしょうか。あるいは、「CPU利用率、メモリ利用率、ストレージの容量、エラー発生率を収集すれば十分」などと言い切れるのでしょうか。

　もちろんこのような情報もシステムのメトリクスとして収集する必要がありますが、可観測性の真の目的でもあるビジネスの成功に結び付いているかというと不十分であると考えられます。

　第3部の冒頭でも述べたとおり、システムメトリクスの詳細へ取りかかる前に、望ましいビジネス成果を理解し、KPIとして定義しておくべきでしょう。たとえ社内システムであっても、そのシステムのビジネス価値を考慮したうえでKPIを定義し、目標値を決めて管理する必要があります。

　本節では、ビジネスの観点でメトリクスを取得する方法と、その活用方法について紹介します。

● ビジネスKPIを定義してモニタリングに活用する

　先にも述べたとおり、望ましいメトリクスを選定するための前提としてビジネスのKPIを定義する必要があります。もちろん、どのようなビジネスのKPIを設定するかは、業界や業種、ビジネスモデルによって異なりますし、同業種であっても企業の経営戦略などによっても異なります。

　たとえば、あなたが経営者で、今回のサンプルアプリケーションでもある「Ticket Store」を企画・運営することになった場合、どのようなKPIを定義できるか想像してみてください。ビジネス目標となると、サービスの売上高が真っ先に思い浮かぶことと思いますが、それに紐づくKPIとして、取扱チケット数、販売数やキャンセル率、ほかには登録会員数なども挙げられるでしょう。また、高額なプレミアチケットなどは、取扱数を別のKPIとして管理することもあるかもしれません。

　「Ticket Store」だけではイメージが難しいかもしれませんので、他の業種についてもいくつか例として挙げてみます。

- **Ticket Store**：チケット販売数、PV数、取扱チケット種別数、チケットキャンセル数、有料会員数
- **オンラインゲーム**：ログイン数、アクティブユーザー数、滞在時間、有料アイテムの購入数
- **ニュースサイト**：記事数、PV数、SNSシェア数、有料会員数
- **決済システム**：トランザクション数、決済失敗数、加盟店数、取扱高

　このようなビジネスのKPIをIT部門だけで定義することは難しいため、ビジネス部門と協力し、具体的な数値として定義します。

　ビジネスのKPIの定義が完了したら、次はそれらをシステムのメトリクスと紐づけていきます。

第**3**部　可観測性を高める

すべてのシステムメトリクスがビジネスのKPIに直接影響するわけではないため、直接影響するようなシステムのメトリクスのみを特定しましょう。たとえば、APIのエラーレートや応答時間などはビジネスのKPIへ直接影響するメトリクスであり、したがってSLIやSLOを定義してリアルタイムで継続的にモニタリングすべきです。

システム特性によっては、ビジネスのKPIを直接モニタリングして問題を特定する方がシンプルになるため、ビジネスのKPIについてもシステムから直接数値を取れるように実装しておくとよいでしょう。

一方で、必ずしもリアルタイムでモニタリングする必要がなかったり、システムの健全性に直接的な影響がなかったりするKPIもあるかもしれません。Ticket Storeの例でいえば、チケット販売数や有料会員数がこれに該当します。これらの情報については、リアルタイムでのモニタリングではなくビジネス部門向けのダッシュボードや月次のレポートなどで活用します。

それまでビジネス部門が管理していたKPIについても、システムの健全性に相関するメトリクスとして、IT部門も意識する必要があるというのがポイントです。もちろん、IT部門が見ていたシステムメトリクスについてもビジネスのKPIに相関したメトリクスとして、ビジネス部門に意識してもらう必要があります。また、このKPIについては一度決めたら終わりではなく、ワークロードやビジネスの進化に併せて継続的に見直すことが必要です。

● エンドユーザーの体験をモニタリングする

システムのテレメトリを細かく詳細に集めたとしても、それだけではエンドユーザーにどう影響しているかはわかりません。そこで、ユーザー視点に立ったモニタリングやメトリクスの収集も重要になってきます。

たとえば、CPU使用率が100%に張りついてもエンドユーザーへのレスポンスがサービスのSLOを満たせているケースもありますし、逆にCPU利用率が数%であってもエンドユーザーへのレスポンスがSLOを満たせていない可能性もあります。

そのため、エンドユーザーから見たパフォーマンスもあわせてモニタリングすることで、実際のエンドユーザーの体験とそのときのシステムの状況との相関を管理運用できます。また、ユーザーサイドに近いパフォーマンス情報であるため、ここで得られたモニタリング結果をもとにSLOを算出し運用できます。

ユーザーから見たパフォーマンスをモニタリングする方式としては、大きく分けて外形監視（Synthetic Monitoring）とRUM（Real User Monitoring）の2種類があります（**図9.6**）。

図9.6：外形監視とRUMの違い

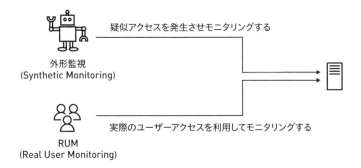

　外形監視は、一定間隔でエンドユーザーのアクセスを模した通信を発生させ、そのデータを取得することを通じてパフォーマンスを計測する方法です。一般的に短期のパフォーマンス計測に向いているとされているほか、計測プログラムからの模擬アクセスになるため、アプリケーションに実際のエンドユーザーからのアクセスがない場合でも、エンドユーザーの体験を継続的に検証でき、実際のエンドユーザーに影響を出す前に問題を検出できることもメリットです。

　一方のRUMは、実ユーザーのアクセス情報を利用・取得してパフォーマンスを計測する方法です。一般的に、中長期的なユーザー傾向把握に向いているとされているほか、実際のエンドユーザーからのアクセス情報を利用するため、リアルタイムかつ大規模な統計的計測が可能になることもメリットです。また、同じ問題の影響下にあるユーザー数やセッション数を見て、前述のトリアージのような対応の優先度付けを行うこともできます。

FinOps

　「FinOps」とは「Finance（財務）」と「DevOps」を組み合わせた語で、財務部門とIT部門であるDevOpsが一体になることで、クラウドの財務管理を通してビジネスの価値を高めるための概念です。

　FinOps Foundationの技術諮問委員会では、FinOpsの定義が以下のように述べられています[注9.2]。

　　FinOps is an operational framework and cultural practice which maximizes the business value of cloud, enables timely data-driven decision making, and creates

---

注9.2　https://www.finops.org/introduction/what-is-finops/

第**3**部　可観測性を高める

financial accountability through collaboration between engineering, finance, and business teams.

参考のために拙訳も掲載します。

　FinOpsは、クラウドのビジネス価値を最大化し、タイムリーなデータ主導の意思決定を可能にし、エンジニアリング、財務、ビジネス チーム間のコラボレーションを通じて財務責任を生み出す運用フレームワークおよび文化的実践です。

　ここでのポイントは、FinOpsの目的はクラウドコストの最適化ではなく、その先にあるビジネス価値の最大化が目的であるということです。

● FinOpsのサイクル

　ご存じのとおり、クラウドを利用するにあたってサーバーやネットワーク機器などを購入する必要はありませんし、クラウド利用料はハードウェアのように資産ではないため、サービスを開始したあとに数年かけて自動的に減価償却していくといったものでもありません。サーバーやネットワーク機器の管理運用の手間はクラウドに任せ、その代わりにサービスの開始後はクラウドコストとビジネスの関連性を継続してモニタリングし、必要な対応を適宜施していく運用が一般的です。

　したがってFinOpsの取り組みは、「Inform（可視化）」「Optimize（最適化）」「Operate（運用）」という3つのフェーズを反復することになります。

● Inform（可視化）

　FinOpsの実践はInform（可視化）から始まります。ここではクラウドコストだけでなく、TCOとして、初期の開発費用（イニシャルコスト）や保守運用費用（ランニングコスト）などの人件費を含めたシステムのライフサイクル全体のコストとして可視化します。

　そのうえで、どのシステムが、どのサービスに、どの程度のコストを使っているかを組織内で可視化し、ビジネスや投資戦略に対して妥当なコストであるかをタイムリーに把握できるようにします。これにより、クラウドコストの正確な割り当てや予測、予期せぬ支出を最小限にし、ビジネスのROIを向上させることが可能になります。

● Optimize（最適化）

　可視化ができたら、その可視化されたデータをもとにコスト最適化のための対応をします。

第9章　可観測性を実装し運用する

　たとえばCPU使用率が常時数％しか使われていないインスタンスがあれば、それはオーバースペックなインスタンスを使ってしまっているということです。スペックを変更することで当初の想定よりもクラウド利用料を下げることができるでしょう。

　ほかにも、オートスケーリングを設定しているシステムであってもベースラインのリソース利用率が見えてきたタイミングでReserved Instance[注9.3]やSavings Plans[注9.4]を活用し、クラウドの利用料とコスト支出を最適化できます。中断可能な処理であればSpot Instance[注9.5]も活用できるでしょう。

● Operate（運用）

　最適化が完了したら、あとは運用フェーズに入って終わりというわけではありません。「サイクル」と述べたとおり、FinOpsの実践は日々の営みとして実施し続ける必要があります。

　たとえば、利用者数が伸び、取り扱い高も増えているにもかかわらず、クラウドコストがそれ以上に伸びてしまっている場合、前述のReserved InstanceやSavings Plansの検討や、場合によってはアーキテクチャ・利用サービスの見直しなどの検討が必要であることがわかります。

　手作業によるデプロイ頻度が多く人件費などのランニングコストが嵩んでいるのであれば、デプロイ自動化の作り込みを検討してもよいかもしれません。

　また、AWSでは日々新しいサービスや機能がリリースされていることも忘れてはいけません。過去の最適化がうまくいきビジネスの伸びやクラウドコストが当初の想定内に収まっているとしても、新しいサービスや機能を活用することでさらに最適化できる可能性があります。

　継続的にこのFinOpsのサイクルを実施し、より最新の機能やサービスを活用してクラウドコストを最適化することで、ビジネス価値を高めることが可能になります。これらFinOpsの具体的な実施方法やベストプラクティスについては、「AWS Well-Architected Framework」の「コスト最適化の柱」のドキュメント[注9.6]も参考にするとよいでしょう。

▎アーキテクチャパターン

　それでは、可観測性を高めるためのアーキテクチャの実装例と、関連する代表的なAWSのサービスを紹介します。

注9.3　https://aws.amazon.com/jp/ec2/pricing/reserved-instances/
注9.4　https://aws.amazon.com/jp/savingsplans/
注9.5　https://aws.amazon.com/jp/ec2/spot/
注9.6　https://docs.aws.amazon.com/ja_jp/wellarchitected/latest/cost-optimization-pillar/welcome.html

第**3**部　可観測性を高める

○ カスタムメトリクスの収集

　AWSのマネージド型サービスを利用するのであれば、各種システムメトリクスを標準的に取得できる一方で、独自のアプリケーションフレームワークやミドルウェアを利用する場合は、追加でメトリクス収集の作り込みが必要になるケースもあります。ビジネスのメトリクスについても、それぞれのアプリケーション固有のメトリクスになるため、アプリケーションやビジネス要件に合わせ、追加のメトリクスとして取得する必要があります。

　ここではAWSでの実装例として、CloudWachのカスタムメトリクスを利用したサンプルコードを紹介します。CloudWatchでのカスタムメトリクスの収集方法はいくつかありますが、ここではPythonアプリケーションでAWS SDK for Python (Boto3) を利用しています。

　たとえば、以下はTicket Storeの有料会員向けのAPIにおける「エラー率」と「レスポンスタイム」をカスタムメトリクスとして取得する例です。

```python
cloud_watch = boto3.client('cloudwatch')
Namespace='PaidMemberAPI'

def publish_custom_metrics(error_rate: int, duration: int):
    cloud_watch.put_metric_data(
        Namespace=Namespace,
        MetricData=[
            {
                'MetricName': 'Error',
                'Unit': 'Percent',
                'Value': error_rate
            },
            {
                'MetricName': 'Latency',
                'Unit': 'Milliseconds',
                'Value': duration
            },
        ]
    )

# 使用例
# publish_custom_metrics(5, 100)
```

　一方、Ticket Storeのビジネスメトリクスである「チケット販売数」「有料会員数」をカスタムメトリクスとして取得する例です。システム的には追加のカスタムメトリクスを収集する形になるので、作りはシステムメトリクスの収集とほぼ同じです。

```python
cloud_watch = boto3.client('cloudwatch')
Namespace='PaidMemberAPI'
```

第9章　可観測性を実装し運用する

```
def publish_custom_metrics(ticket_sold: int, paid_members: int):
    cloud_watch.put_metric_data(
        Namespace=Namespace,
        MetricData=[
            {
                'MetricName': 'TicketSoldPerHour',
                'Unit': 'Count',
                'Value': ticket_sold
            },
            {
                'MetricName': 'PaidMembers',
                'Unit': 'Count',
                'Value': paid_members
            },
        ]
    )

# 使用例
# publish_custom_metrics(123, 12345)
```

　このように AWS SDK を利用することで、システムから独自のメトリクスを取得する必要が出てきたケースにおいても容易に実装できます。

　ここで紹介したのは各メトリクスを取得し CloudWatch に送信するだけのシンプルなコードですが、AWS 公式の GitHub のリポジトリ[注9.7]には他のユースケースや、他の言語におけるサンプルコードが無償で公開されています。実装の際には利用する言語に併せて参照・活用するとよいでしょう。

ファサードライブラリの活用

　先ほどは AWS SDK を直接利用したサンプルコードを紹介しましたが、ファサードライブラリを利用して実装することで、コンポーネント間をより疎結合にできます。

　このようなライブラリの一例として、Java で利用できるベンダーニュートラルなアプリケーションメトリクス収集のライブラリである Micrometer[注9.8]があります。Micrometer がファサードとして機能することで、メトリクスの送信先をアプリケーションコードを大きく変更することなく切り替えられます（図9.7）。

注9.7　https://github.com/awsdocs/aws-doc-sdk-examples/
注9.8　https://micrometer.io/

図9.7：ファサードライブラリの活用例

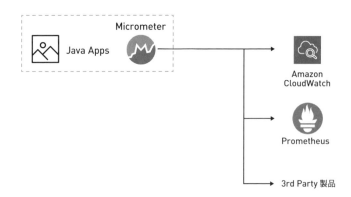

アプリケーションのメトリクスを取得する際は、直接SDKをプログラムに組み込むだけでなく、このようなファサードライブラリを利用することで各コンポーネント同士を疎結合にすることについても考慮するとよいでしょう。

○ アプリケーションレイヤでのモニタリング

続いて、可観測性に関連するAWSの機能やサービスと、それを用いたパターン紹介していきましょう。

Amazon CloudWatch Application Signals

まず紹介するのは、Amazon CloudWatch Application Signalsです（図9.8）。本機能を有効にすることで、アプリケーションのテレメトリデータを自動で取得し、アクセス数、可用性、レイテンシ、障害、エラーなどの主要なメトリクスや、SLOの状況をダッシュボードで一元的に可視化できます。

SLOの達成度やエラーバジェットについて継続的にモニタリングや閾値を設定して自動通知でき、障害調査の際もSLOに影響を及ぼしている関連コンポーネントをドリルダウンで特定するといった操作も可能なため、ビジネスインパクトの大きいものからトリアージするといった対応も可能です。

CloudWatch Synthetics、CloudWatch RUMとも統合されており、エンドユーザーエクスペリエンスのモニタリング情報についても自動的に関連付けて処理されます。

図9.8：Amazon CloudWatch Application Signals

Amazon CloudWatch Synthetics

　CloudWatch SyntheticsはWebアプリケーションとAPIの外形監視を行うサービスです。実体としてはLambda関数であり、定義したスクリプト（Canary）にもとづいてヘッドレスブラウザが対象のURLにアクセスします（図9.9）。Amazon Event Bridgeと統合されており、テストの失敗に応じてカスタムアクションを起動することも可能です。

図9.9：CloudWatch Syntheticsのアーキテクチャ

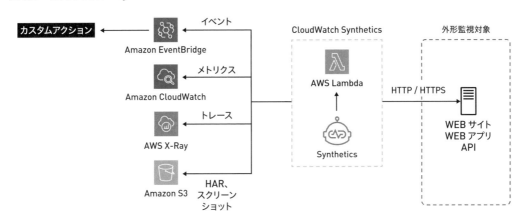

　また、以下のような基本的なCanaryのブループリント[注9.9]があらかじめ用意されており、一般的なユースケースであればノーコードで作成できます。

- ハートビートモニタリング：指定したURLにアクセスして、ページのスクリーンショットと

注9.9　https://docs.aws.amazon.com/ja_jp/AmazonCloudWatch/latest/monitoring/CloudWatch_Synthetics_Canaries_Blueprints.html

HARファイル（HTTP通信を記録したJSON形式のファイル）、実行ログを保存する。レスポンスのステータスコードをもとに正常/異常を判定する
- **API Canary**：REST APIに対してリクエストを送信して、レスポンスが意図どおりかをテストする
- **リンク切れチェッカー**：テスト対象のURL内のすべてのリンクを収集し、リンク切れがないかテストする
- **Canary Recorder**：Google Chromeの拡張機能である「CloudWatch Synthetics Recorder」を利用してユーザ操作を記録し、Canaryコードを自動生成する
- **GUIワークフロー**：Webサイト上のユーザー操作（文字入力やクリック）ができるかをGUIベースで定義してテストする
- **ビジュアルモニタリング**：Webサイトの表示が変化していないかをベースラインと比較してテストする

Canaryを定義したリージョンはもちろんのこと、別のリージョンや外部リソースに対しても、HTTP/HTTPSアクセスが可能であれば外形監視ができることも特徴です。

Amazon CloudWatch RUM

CloudWatch RUMは、実際のユーザーのセッションを利用したWebアプリケーションの読み込み時間、クライアント側のエラー、利用ブラウザやデバイス、およびユーザージャーニーなどを可視化および分析するサービスです。

アプリケーションモニターの追加と、アプリケーションモニターごとに自動生成されるJavaScriptコードをアプリケーションに埋め込むだけのシンプルな手順で、データが自動的にCloudWatch RUMに収集され、モニタリングを開始できます（図9.10）。

図9.10：CloudWatch RUMのアーキテクチャ

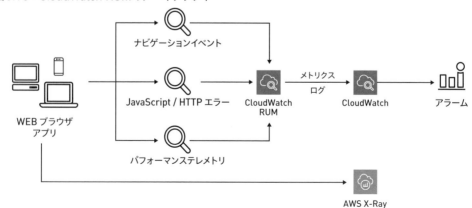

第9章　可観測性を実装し運用する

● テレメトリデータから自動的なインサイトを取得する

　可観測性を実装し、システムから多くのテレメトリデータを収集できるようになると、そのデータをどう運用するか、膨大なテレメトリの中からどうインサイトを得るかといったことも課題になってきます。ダッシュボードツールなどを利用しデータを見やすくしたとしても、システムが大きくなるにつれ人手では処理できないデータ量になってしまい、取りこぼしが発生するようになってしまうのです。

　したがって、人海戦術や熟練のスキルのある人の勘、一度決めた静的なルールベースの運用に頼るだけでなく、機械学習の機能を使ったサービスを活用し、運用負荷をすることもポイントになってきます。ここでは、AWS環境で利用できる機械学習を活用した可観測性関連のサービスをいくつか紹介します。

Amazon DevOps Guru

　Amazon DevOps Guruは、Amazon.comの運用をもとに作成された機械学習モデルを活用し、機械学習の知識がなくても、アプリケーションが通常の運用パターンから逸脱した動作を検出できるサービスです。

　すでに発生している異常だけでなく将来的に発生する可能性のある異常もパターンから検出できるため、エンドユーザーへの影響が出る前に問題の特定ができます。また、異常の検出だけでなく、その異常に対する診断内容と具体的な推奨される対処方法についてもあわせて知らせてくれるため、検出後すぐに改善対応を実施できます。

　Amazon DevOps Guruは大きく下記2つの観点で動作します。

- Reactive insights：現状の問題点と推奨する対応方法を表示する
- Proactive insights：今後発生し得る問題と推奨する対応方法を表示する

Amazon CloudWatch anomaly detection

　Amazon CloudWatch anomaly detectionは、CloudWatchメトリクス上の異常値を機械学習によって検出できるサービスです。メトリクスの履歴値を分析し、繰り返される予測可能なパターンから、そのパターンに沿った閾値のモデルを作成します。

　たとえば、「平日日中帯にアクセスが多く、夜間帯や休日はアクセスがほとんど発生しない」といった業務特性であれば、この業務特性に沿ったモデルを自動生成し、深夜帯に多くのアクセスが発生するなど通常時とは異なる挙動を検知できます（図9.11）。また、必要に応じてモデルをチューニングしたり、1つのCloudWatchメトリクスに対して複数のモデルを使ったりすることも可能です。

171

図9.11：Amazon CloudWatch anomaly detection

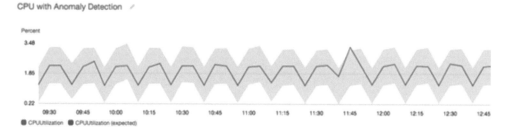

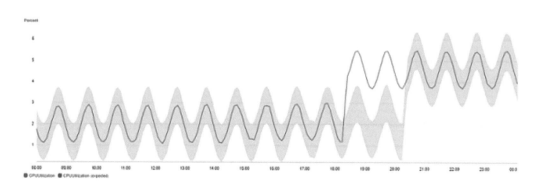

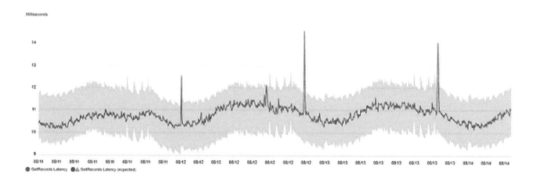

CloudWatch Contributor Insights

　CloudWatch Contributor Insightsでは、CloudWatch Logs上のログから、システムのパフォーマンスに影響を及ぼしている要因を発見できるサービスです。

具体的には、異常値の抽出、もっとも重いトラフィックパターンの発見、上位のシステム処理に関するランク付けなどを行って、誰あるいは何が、システムやアプリケーションのパフォーマンスに影響を及ぼしているかを特定します（図9.12）。これにより、エンドユーザーに大きな影響を出す前に、原因の診断や特定、修正対応を行うことが可能になります。

図9.12：CloudWatch Contributor Insights

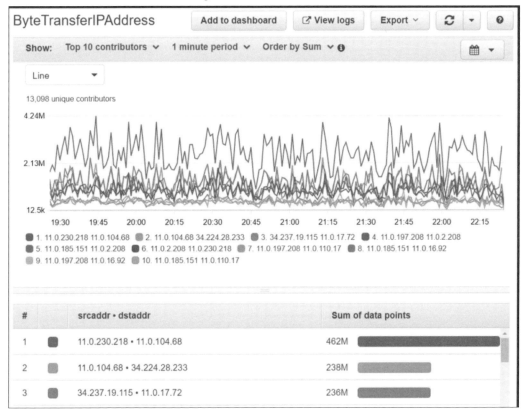

AWS Trusted Advisor

AWS Trusted Advisorを有効にすることで、そのサービスがAWSのベストプラクティスに沿って使われているかどうかについての機械学習による分析と推奨事項を継続的に入手できます。

たとえば、Reserved InstanceやSavings Plans購入の提案、アイドル状態のロードバランサやRDS、関連付けられていないElastic IPアドレスなどを自動で検出できます。また、コストの最適化だけでなくセキュリティなど、最新のAWSのベストプラクティスに沿った分析、推奨事項についても併せて入手できます。

第**3**部　可観測性を高める

第**10**章 ## AWSのサービスを活用して テレメトリを収集する

　本章では、ラウドネイティブな環境でテレメトリデータを取得する方法やその実装例を紹介します。

　AWSのマネージド型サービスでは、Amazon CloudWatchによるネイティブモニタリング、ロギング、アラーム、ダッシュボードと、AWS X-Rayによるトレースを提供しています。この2つのサービスを組み合わせて利用することで、可観測性の3本柱である、「トレース」「メトリクス」「ログ」を取得できます。

　なお、本書では紹介していませんが、これらのサービスに加えてAmazon Managed Service for PrometheusとAmazon Managed GrafanaについてもAWSのマネージド型サービスとして利用できます。この2つのサービスはOSSベースのマネージド型サービスで、各種AWSサービスやその他のOSSと組み合わせて利用できます。

OpenTelemetryとADOT

　まずは、クラウドネイティブな環境でのテレメトリデータの収集において重要な「OpenTelemetry」について知っておきましょう。

　OpenTelemetryはアプリケーション監視用の分散トレースとメトリクスを収集するためのオープンソースのAPI、ライブラリ、エージェント、およびこれらの仕様を提供し、可観測性における標準化を進めているOSSです。Cloud Native Computing Foundation (CNCF) の一部であり、中立的な立場で言語やベンダに依存しておらず、OpenTelemetryに対応するさまざまなバックエンドサービスで利用できます。つまり、OpenTelemetryを利用することで、可観測性の実装においてもアプリケーションとモニタリングシステム・ソリューションの関係性を疎結合にできます。

　また、対応している言語であればアプリケーションコードを追記することなく自動でテレメトリデータを収集 (Auto Instrumentation) できるため、導入にあたってアプリケーションへの影響も最小限に抑えられることも特徴です。

　AWSでは、OpenTelemetryプロジェクトのAWS Distro for OpenTelemetry (ADOT) [注10.1] を、AWSがサポートするセキュアで商用利用可能なディストリビューションとして提供しています。

....

注10.1　https://aws-otel.github.io/

多くのAWSサービスと完全な互換性があり、AWSでOpenTelemetryを利用するうえで必要になる設定やコンポーネントが標準で含まれています。

AWS X-Rayによる分散トレーシング

クラウドネイティブなアーキテクチャとして代表的な分散システムでは、さまざまな機能やサービスが疎結合に組み合わさって1つのシステムとして動作します（図10.1）。したがって、モノリシックなシステムと比べ、性能のボトルネックや障害箇所の特定が一般的に難しくなりがちです。分散システムにおいて優れた可観測性を実現するためには、サービスのリクエストを追跡して監視する「分散トレーシング」の実施が不可欠です。

図10.1：分散システムの動作イメージ

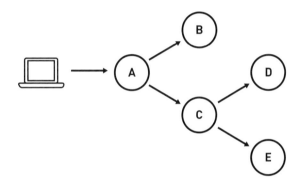

分散システムにおいては1つのリクエストが複数の機能やサービスをまたがって処理されるため、単純なエラー検知だけでなく、レイテンシの考慮も重要なポイントです。それぞれのサービス間のレイテンシを監視することにより、徐々にパフォーマンスが低下していくことを検出できます。また、異常なパターンや長時間のレイテンシ低下についてアラートを設定することで、エンドユーザーに影響を及ぼす前にプロアクティブに対処できるようになります。

AWS X-Ray[注10.2]はAWSがマネージド型サービスとして提供するトレーシングのサービスです。多くのAWSサービス群と統合されており、AWS環境上でのトレーシングを実現できます。対応言語であればADOT同様に自動でトレースデータを収集することもできます。

もちろん、EC2やコンテナ上のアプリケーションへのトレーシングにも対応しており、X-Ray DaemonやCloudwatch Agentを利用しトレースデータを収集できるほか、前述のADOTでのト

注10.2　https://aws.amazon.com/jp/xray/

レースデータ収集にも対応しています。

抽象化レイヤのメトリクスを収集する

コンテナやサーバーレスを利用したクラウドネイティブな環境では、アプリケーションのメトリクスだけでなく、抽象化レイヤのメトリクスを収集することも重要です。たとえばAmazon ECSやAmazon EKSを利用したコンテナ環境であれば、タスクやコンテナレベルのCPU使用率のメトリクスが挙げられます。あるいはAWS Lambdaであれば関数単位の実行時間のメトリクスがそれにあたります。

ただし、これらのメトリクスについてはアプリケーションの障害やSLOに直接影響していないケースも多いため、アラート通知などの短期的な利用ではなく、長期的な分析用のデータとして取得するのがよいでしょう。

なお、AWSのマネージド型サービスを利用している場合は、CloudWatch Container InsightsやCloudWatch Lambda Insightsを有効にすることで、メトリクスの取得から可視化、分析までをCloudWatchでまとめて行うことができます。

ログ出力先を抽象化する

アプリケーションとログを疎結合にするにはどうすればよいのでしょうか。これを実現するには、アプリケーションログの出力先を抽象化する必要があります。

代表的な実装例としてログルーターを活用した実装があります（図10.2）。具体的には、アプリケーションのログなども含めたすべてのログを標準出力に集約し、そのうえで標準出力は仮想マシンやコンテナ外部のログルーターに即時に転送するようにします。このような実装にすることで、ログの出力先や出力形式はアプリケーションで作り込むのではなく、その標準出力を受け取った外部のログルーターで加工・転送先を分けられるようになります。

図10.2：ログルーター

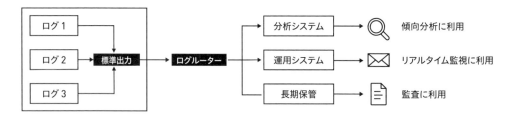

第10章　AWSのサービスを活用してテレメトリを収集する

　従来のオンプレミスのシステムなどでの「OSやミドルウェアのシステムのログは標準出力へ出力し、アプリケーションのログはそれぞれのアプリケーションで指定したディレクトリへ出力する」といったアーキテクチャに慣れている方は、さまざまな種類のログがすべて標準出力で混在してしまうこの実装に違和感を覚えるかもしれません。

　しかし、クラウドネイティブなアーキテクチャにおいては、ログの出力先を抽象化し、モニタリングシステムなどのログの転送先と疎結合にしたほうがメリットが大きいため、このようなアーキテクチャパターンを取るべきとされています。

　なお、AWS LambdaのようなAWSのサーバーレスサービスを利用した場合はもっとシンプルです。アプリケーションは標準出力にログを出力するだけで、CloudWatch Logsにログを連携できるからです。

アーキテクチャパターン

　ここからは、CloudWatchを中心に、ツールの組み合わせや選択肢、代表的なアーキテクチャパターンについて紹介します。

　とはいえ、ここで紹介するAWSのマネージド型サービスだけでなく、さまざまなOSSや3rd Party製品が利用できることもAWSの大きなメリットです。既存システムで利用している製品との兼ね合いや開発者のスキルセットなどを考慮して利用するサービスや製品を選択するのもよいでしょう。

● コンテナ環境でのテレメトリデータの収集

　本項では、コンテナ環境でのトレース、メトリクス、ログを収集するためのパターンを紹介します。

トレースの収集

　まず紹介するのは、CloudWatch AgentをセットアップしてX-Ray SDKまたはADOT SDKでトレースデータを収集し、バックエンドサービスとしてのAWS X-Rayに送信するパターンです（**図10.3**）。

図10.3：CloudWatch Agentを利用するパターン

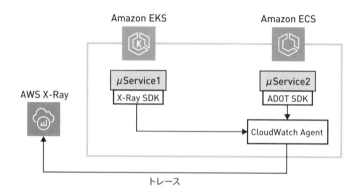

以前はX-Rayを利用するためにX-Ray Daemonをデプロイする必要がありましたが、現在はCloudWatch AgentがX-RayとOpenTelemetoryトレースの収集に対応しています。CloudWatch Agentはメトリクスやログの収集にも対応しているため、X-Rayをトレーシングのソリューションとして利用する場合は、管理エージェントを減らすことのできる構成です。

あるいは、ADOT Collectorをセットアップし、ADOT SDKのトレースデータを収集し、バックエンドサービスとしてのAWS X-Rayに送信するパターンも考えられます（図10.4）。ADOT CollectorのExporterを切り替えることで、バックエンドサービスをX-RayからOSS、3rd Partyサービス・ソリューションなどに柔軟に変更できる構成です。

図10.4：ADOTを利用するパターン

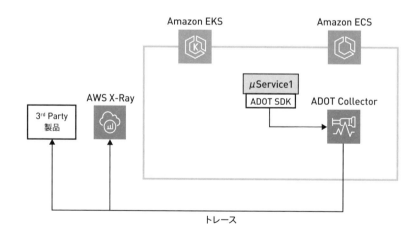

AWS App Runnerを使用している場合は図10.5のような構成が考えられます。App Runner
はADOT SDKをサポートしているため、トレース機能を有効にするだけで利用を開始できます。

図10.5：App RunnerでADOTを利用するパターン

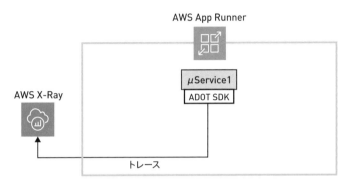

メトリクス

ここではCloudWatch Container Insightsを利用したアーキテクチャパターンを紹介します。
Container Insightsはコンテナ化されたアプリケーションのメトリクスとログを収集、集計、要
約できるCloudWatchの機能で、CloudWatchにてタスクやコンテナレベルでのモニタリングを
可能にします（図10.6）。

図10.6：CloudWatch Container Insightsの動作イメージ

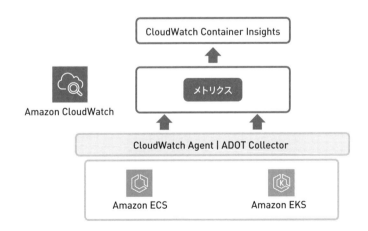

コンテナ環境からより詳細のメトリクスを取得したい場合はPrometheusライブラリやADOT
SDKでの実装、または3rd Party製のモニタリングソリューションの導入が必要になりますが、

Container Insightsで収集できるメトリクスで十分なケースもありますので、まずはContainer Insightsで要件を満たせるか確認するとよいでしょう。

たとえばAmazon ECSを利用しているのであれば、タスク定義またはECSのマネジメントコンソールからContainer Insightsを有効にするだけで利用を開始できます。また、クラスター作成時でも、クラスター作成後でも有効化・無効化できます。

一方、Amazon EKSでContainer Insightsを利用するには、追加コンポーネントのセットアップが必要になります。OSSの利用を含めさまざまなパターンがありますが、ここでは代表的なパターンを紹介します。

まずはCloudWatch Agentを利用するパターンです（図10.7）。Amazon CloudWatch Observability EKSアドオンを利用することで、Container Insightsの有効化と同時に、CloudWatch AgentとFluent Bit AgentをAmazon EKSクラスターにインストールできます。この構成の場合はContainer Insights with enhanced observability for Amazon EKSを利用できるため、より多くのメトリクスの取得が可能です。ただし、Fargateでは利用できないことに注意してください。

続いてはADOT Collectorを対象のEKSクラスターにセットアップして利用するパターンです（図10.8）。デプロイパターンとしては、Daemonset[注10.3]、Sidecar、Deploymentの3つのなかから選択できます（図10.9）。また、トレースにADOT Collectorを利用している場合は、設定の追加でメトリクス・トレースどちらも取得可能です。

図10.7：CloudWatch Agentを利用するパターン

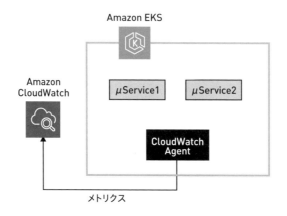

注10.3　Fargateの場合は利用不可なことに注意してください。

図10.8：ADOT Collectorを利用するパターン

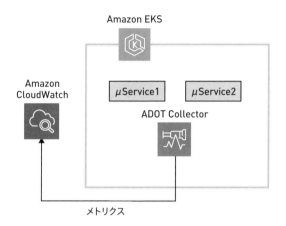

図10.9：ADOT Collectorのデプロイパターン

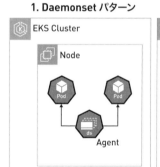

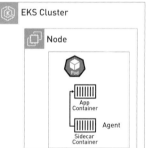
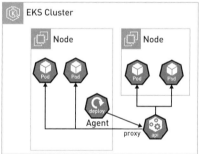

　なお、AWS App RunnerはCloudWatchと統合されており、標準でメトリクスが取得されます。

ログ

　ログについてもさまざまなアーキテクチャパターンがありますが、ここではOSSの代表的なロ グルーターであるFluent Bitを利用したアーキテクチャパターンを紹介します。

　Fluent Bitを利用することで、「即時のアラート監視に使うログはCloudWatch Logsに、分析 やアーカイブなどに使うログはS3に送る」といった目的ごとのログの整形や出力先の変更を、ア プリケーションコードに手を加えることなくFluent Bit側のみで実現できます。

　利用するコンテナサービスによりFluent Bitの実装パターンが異なりますので、それぞれアー キテクチャーパターンについて紹介します。

まず、Amazon ECSの場合はFireLensを利用するパターンが考えられるでしょう（図10.10）。FireLensはFluent Bitなどのログルーターをサイドカー形式で簡単に利用できるようにする仕組みです。ECS taskに含める形でセットアップします。EC2上でもFargate上でもどちらでも利用可能です。

図10.10：FireLensを利用するパターン

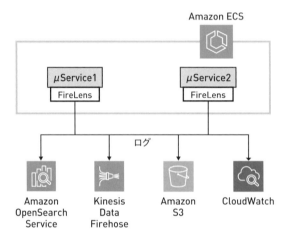

Amazon EKSの場合は、EC2上であるかFireLens上であるかで異なるパターンが考えられます。まず、EC2上のケースであれば、Fluent BitをDaemonsetでデプロイするパターンを採用できるでしょう（図10.11）。前述のAmazon CloudWatch Observability EKSアドオンでセットアップされる構成ですが、手動で構成することも可能です。Fluent Bitは各ノードでDaemonsetとして稼働します。

図10.11：Fluent BitをDaemonsetでデプロイするパターン

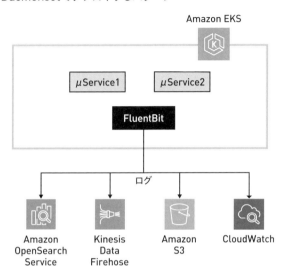

一方、Fargate上のケースでは、Fluent Bit for Amazon EKS on AWS Fargateを利用するパターンを採用できます（**図10.12**）。ここではEKS on Fargateのデータプレーンに組み込まれたFluent Bitを利用します。Fluent Bitの設定を記述したConfigMapをクラスターに適用することで利用できます。

図10.12：Fluent Bit for Amazon EKS on AWS Fargateを利用するパターン

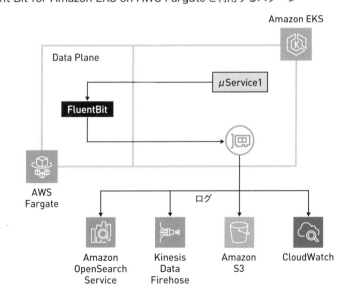

第3部 可観測性を高める

また、ADOTも対応言語[注10.4]によってはLogをサポートしています。これにより、トレース、メトリクスだけでなく、ログについてもADOTを利用して収集できます（**図10.13**）。Logについては最近サポートがされたこともあり、執筆時点ではFluent Bitを利用する実装パターンが多い印象ですが、今後はADOTですべてのテレメトリをまとめて収集する構成も選択肢の1つになっていくかと思います。

図10.13：ADOTを利用するパターン

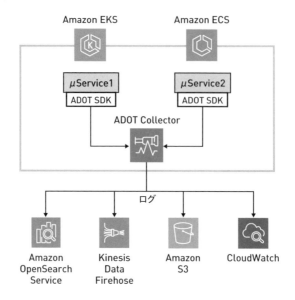

なお、App Runnerの場合は標準でアプリケーションの標準出力がCloudWatch logsに出力されます。

○ サーバーレス環境でのアーキテクチャパターン

次に、サーバーレス環境でのアーキテクチャパターンを紹介します。

トレース

AWS X-Rayに対応しているAWSサービス[注10.5]であれば、デフォルトでパッシブトレース機能が有効になっています。つまり、別サービスですでにトレースされているリクエストであれば、次のサービスへそのトレース情報を伝播してくれます。

注10.4　https://opentelemetry.io/docs/instrumentation/
注10.5　https://docs.aws.amazon.com/ja_jp/xray/latest/devguide/xray-services.html

ただし、イベントやスケジュール起動でトレースの起点になる機能だったり、トレースされていないリクエストを受け取って中継する場合は、アクティブトレースの有効化が必要になります。また、アクティブトレースを有効にすることで、すでにトレースされているリクエストであってもサービス固有の詳細情報が取得可能になります。たとえば、Amazon SNSであれば各サブスクライバーのリソースメタデータ、障害、エラー、メッセージ配信のレイテンシといったAmazon SNSトピックの詳細情報をトレースデータとして取得できます。

図で具体的に確認してみましょう。まず、すでにトレースされているリクエストは自動でパッシブトレースが有効になります（図10.14）。

図10.14：パッシブトレースの動作イメージ(1)

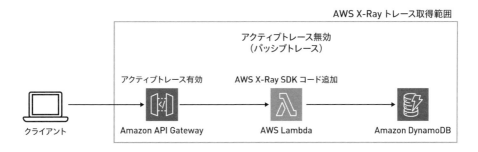

イベント駆動のサービスにおいては、AWS SNSなどをアクティブトレースの起点にする構成も可能です（図10.15）。なお、AWS Lambdaでは、AWS X-Ray SDKのコードを追加しない場合、呼び出し先のAWSサービスはトレースされません。

図10.15：パッシブトレースの動作イメージ(2)

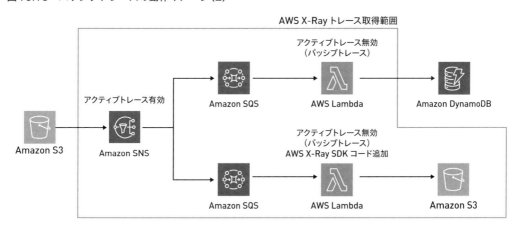

メトリクス

多くのAWSサービスはCloudWatchと統合されており、標準でメトリクスはCloudWatchへ出力されますが、CloudWatch Lambda Insightsなど、有効化するだけで追加のメトリクスを取得できるサービスもあります。

ログ

メトリクス同様、多くのAWSサービスはCloudWatchと統合されており、標準でCloudWatch Logsにログが出力されます。

○ AWS Lambda環境で活用できるサービスやツール

続いて、AWS Lambda環境で活用できるサービスやツールを紹介しておきましょう。

まずはAWS Lambda Extentionsです。AWS Lambda Extentionsを利用することで、AWS Lambdaのアプリケーションから直接テレメトリデータを取得できます。たとえば、AWS Lambda Extentinosに対応した3rd Party製品をモニタリングソリューションとして利用する場合は、AWS X-RayやCloudWatchを経由することなく、直接テレメトリデータを取得できます（図10.16）。

図10.16：AWS Lambda Extentionsの動作イメージ

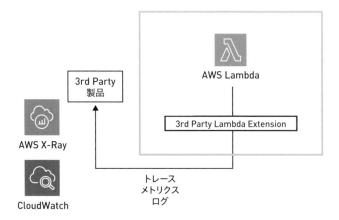

また、AWS Distro for OpenTelemetry Lambdaによって、ADOTをAWS Lambdaでも利用できます。具体的にはLambda layerにSDKおよびADOT Collectorを導入する形になります。対応言語によっては通常のアプリケーション同様に自動でテレメトリデータを収集することも可能です。執筆時点での対応言語は、Auto InstrumentationにはJava、Javascript、Python、Manual

Instrumentationには.NET、Goが対応しています。

　続いてPowertools for AWS Lambdaを紹介しましょう。すでに述べたとおり、AWS Lambdaは標準で各種テレメトリデータを収集できます。一方で、ビジネスのKPIやカスタムメトリクスなど、アプリケーション固有のテレメトリデータを取得したいケースもあるでしょう。この場合は通常のEC2上やコンテナ上のアプリケーションと同様に個別実装する必要がありますが、AWSが開発するオープンソースのユーティリティーライブラリであるPowertools for AWS Lambdaを利用することでAWSのベストプラクティスに沿った実装ができるようになっています。

　Powertools for AWS Lambdaは、サーバーレスのベストプラクティスを実装し、開発速度を向上させるための開発者ツールキットと言えます。実装の標準化だけでなく、外部サービスのスロットリング等についても考慮されたライブラリになっているため、アプリケーション開発者は外部サービスの非機能要件などについても考慮することなく、収集したいデータの特定とライブラリを使った実装だけに集中できます。

　たとえば、前章で紹介したTicket Storeのカスタムメトリクス取得も、Powertools for AWS Lambdaを使うことでさらにシンプルに実装可能です。

```
metrics = Metrics(namespace='TicketStoreKPIs')

@metrics.log_metrics
def lambda_handler(event, context):
    metrics.add_metric(name='TicketSoldPerHour', unit='Count', value=123)
    metrics.add_metric(name='PaidMembers', unit='Count', value=1234)
```

OSS、3rd Party製品の活用

　ここまで紹介したとおり、AWSでは優れた可観測性を実現するためのマネージド型サービスが標準で用意されていますが、もちろんOSSや3rd Party製品をこれらの代わりに活用することも可能です。

　多くのOSSや3rd Party製品はAWSをサポートしているため、オンプレミス環境ですでに利用している3rd Partyのモニタリングソリューションを継続して利用したい場合や、開発チームのナレッジを活用するためにOSSを利用したいといった場合でも、柔軟に対応できます（**図10.17**）。また、ADOTを活用することで、よりシームレスに製品やサービスを選定できるでしょう。

図10.17：AWSで利用できる代表的なソフトウェアや3rd Party製品群

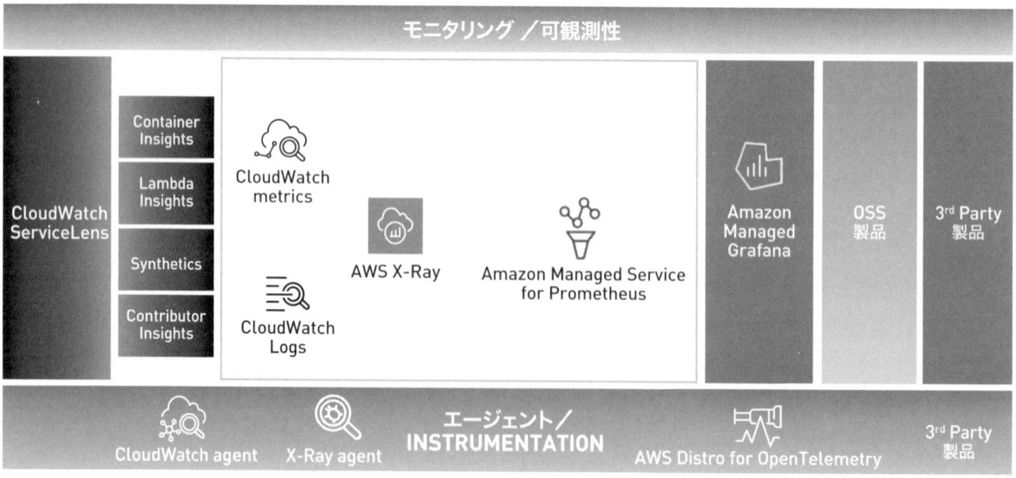

索引

A

ADOT ·····················174, 177, 184, 186
Amazon Aurora ·················· 109, 121, 137
Amazon CloudWatch ·· 9, 10, 101, 116, 132,
135, 140, 148, 166, 168, 171, 177
Amazon CloudWatch anomaly detection
···171
Amazon CloudWatch Application Signals
···168
Amazon CloudWatch RUM·················170
Amazon CloudWatch Synthetics ···········169
Amazon CodeCatalyst ·················· 70
Amazon DevOps Guru ·················171
Amazon DynamoDB ············ 104, 111, 117
Amazon EC2·············· 2, 5, 6, 7, 8, 39, 88,
98, 124, 138, 147, 182
Amazon ECS
······ 60, 74, 100, 138, 139, 148, 180, 182
Amazon EKS ····················· 178, 180, 182
Amazon Elastic Kubernetes Service
································ →Amazon EKS
Amazon EventBridge ··········· 94, 147, 169
Amazon GuardDuty·················· 62
Amazon Inspector ·················· 7, 51, 62
Amazon Kinesis Data Streams ············· 93
Amazon Route 53 ARC ············ 120, 135
Amazon S3 ····················· 77, 134
Amazon SES ·························· 3
Amazon Simple Email Service
································→Amazon SES
Amazon Simple Queue Service
································ →Amazon SQS
Amazon SNS····················· 93, 112, 184
Amazon SQS·················3, 66, 92、108
API Gateway ·················· 56, 103

B

Application Load Balancer··············· 56, 61
ArgoCD ···································· 70
AWS AppConfig ··············· 40, 132, 141
AWS Application Auto Scaling ············· 10
AWS App Mesh ·························142
AWS App Runner ·················· 10, 179
AWS AutoScaling··························· 9
AWS CDK ···················· 70, 74
AWS Cloud Development Kit······ →AWS CDK
AWS CloudTrail ·················· 62
AWS Code ······················· 9, 10
AWS CodeBuild ·················· 26
AWS CodeDeploy·················100
AWS CodePipeline ···················147
AWS Distro for OpenTelemetry·········→ADOT
AWS Fargate··· 9, 48, 57, 60, 100, 139, 183
AWS Fault Injection Service ······ →AWS FIS
AWS FIS································· 145, 146
AWS Lambda
······ 6, 10, 49, 50, 66, 88, 103, 121, 186
AWS Proton ······················ 70
AWS SDK for Python ···················166
AWS Service Catalog ·················· 70
AWS Service Quotas ··········· 97, 116
AWS Step Functions ·········· 66, 126, 147
AWS Systems Manager ····················· 9
AWS Trusted Advisor ··········· 97, 117, 173
AWS X-Ray ···················· 175, 177, 184
AZ ·················· →アベイラビリティーゾーン
AZI ··············· →アベイラビリティーの独立性

B

Backstage ································· 70
Boto3 ·····················→AWS SDK for Python
Builder's Library ·················· 38

C

Capacity Providers ·············· 101, 138, 150
CDC ······································· 111
Change Data Capture ···················· →CDC
CI/CD································· 3, 16, 25, 36
CloudFormation Guard ······················ 77
CloudFront Functions ······················114
CloudWatch Agent ·················· 175, 177
CloudWatch Container Insights ···········179
CloudWatch Contributor Insights ·········172
Cloudwatch Logs ············· 61, 74, 100, 172
Construct Hub ····························· 76
Continuous Configuration ·············· 34, 40
CQRS ································· 14, 23
CQS ·································· 14, 21

D

Denial of Service (STRIDE) ··············· 55
DevOps ··························· vii, 4, 64
DFD································· 52, 53, 56, 58
Distributed Load Testing ·················144

E

ECS Exec ····························· 60, 74
Elevation of Privilege (STRIDE) ··········· 55

F

FinOps ····································163
FireLens································182
Fluent Bit ·······························181
Flux······································· 70

G

Game Day ································146
Git Flow ································· 27
GitHub Flow ······························· 27

I

Information Disclosure (STRIDE) ··········· 55
INVEST ································· 32

J

Jenkins ································· 26
JOOQ ···································· 24

K

KPI ·····································161
Kubernetes ······················38, 66, 78

L～M

Lambda Web Adapter ·······················105
Micrometer ·······························167
MTTF ··································· 83

O～Q

OpenTelemetry·····························174
Policy as Code ·························· 78
Quota Monitor for AWS ·····················117

R

RDS Proxy ······························· 89
Repudiation (STRIDE)······················· 55
RLO·······································119
Route 53 ·························· 120, 133
RPO·······································119
RTO·······································118
RUM ·····································162

S

SBOM····································· 62
Shostackの４つの質問 ····················· 52
SLA·······································157
SLI ·······································157

191

SLO ··· 157
Spoofing (STRIDE) ···························· 55
Standby Takes Over Primary ··········· →STOP
STOP ··· 134
STRIDE ····························· 4, 53, 55, 58

T

Tampering (STRIDE) ·························· 55
Taurus ·· 144
Terraform ·· 70
Testcontainers ·································· 21

V

Virtual Waiting Room ··················· 98, 114
VPC Reachability Analyzer···················· 7

あ行

アベイラビリティーゾーン ··········· 119, 123
アベイラビリティーの独立性 ········ 123, 137
依存関係の逆転································ 17
依存関係の注入································ 20
イネイブリングチーム ························· 68
イベントバス ····························· 92, 94
エラーバジェット ······························ 158
エントリポイント（脅威モデリング）········· 59
オートスケール ····················· 86, 98

か行

外形監視·································· 162, 170
改ざん（STRIDE）······ →Tampering (STRIDE)
回復力···································vii, 82
カオスエンジニアリング ····················145
可観測性 ······················· vii, 152, 154
拡張性···························· →スケーラビリティ
カスタムメトリクス ···························166
環境ブランチ ································ 27
機能フラグ ····················· 35, 40, 141

逆コンウェイの法則 ··························· 67
キュー··································· 92, 108
脅威モデリング ····················· 4, 51, 52
共通基盤··· 65
クォータ ··· 96
クラウドネイティブ ···························iii
クラウドの回復性 ································ 82
クラウド内の回復性 ···························· 82
クロスゾーン負荷分散·························124
継続的インテグレーション ··········· →CI/CD
継続的デリバリー ····················· →CI/CD
結果整合性································· 96, 105
権限昇格（STRIDE）
··········· →Elevation of Privilege (STRIDE)
ゴールデンパス ································ 70
コマンドとクエリの責務分離 ·········→CQRS
コマンドとクエリの分離 ················· →CQS
コンウェイの法則································· 67

さ行

サーキットブレーカー ················· 127, 140
サービス拒否（STRIDE）
·················· →Denial of Service (STRIDE)
サービスマップ································155
サービスメッシュ ····························142
サービスレベル合意 ·················· →SLA
サービスレベル指標 ·················· →SLI
サービスレベル目標 ·················· →SLO
サイロ化··· 64
サガ・オーケストレーション ··················106
サガ・パターン ································106
時差デプロイ································130
ジッター··126
情報漏えい（STRIDE）
········ →Information Disclosure (STRIDE)
進化的アーキテクチャ ················· 3, 38
信頼性の境界································· 54

INDEX

スケーラビリティ ･･････････････ 83, 85, 143
スケールアウト ･････････････････････ 85
スケールアップ ･････････････････････ 85
スケールイン ･････････････････････ 85, 90
スケールダウン ･････････････････････ 85
スティッキーセッション ･･･････････････ 87
ストリーム ･････････････ 92, 93, 111
ストリームアイランドチーム ･･････････ 68
静的安定性 ･････････････････････････124
責任境界の最適化 ･･････････････････････ 8
責任共有モデル ･･････････vii, 2, 5, 48, 82
セキュリティ ･･････････････ vii, 3, 48
セキュリティグループ ･･････････ 7, 56, 57
セキュリティのレフトシフト ･･･････････ 52
セキュリティ・バイ・デザイン ･･････････ 52
セルフサービス化 ･･･････････････････ 70
疎結合 ･････････････････････････････ v
ソフトウェア部品表 ･･････････････････ 62

た行

タイムアウト ･･･････････････････････125
弾力性 ･･･････････････→スケーラビリティ
抽象化によるブランチ ･･･････････････ 44
データフロー図 ･････････････････→DFD
テストピラミッド ･･････････････････ 16
テスト容易性 ･･････････････ vii, 3, 13
テレメトリ ･･･････････････ 154, 174
トピック ･････････････ 92, 93, 112
トランクベース開発 ･････････････････ 28
トランザクション・アウトボックス ･･･108
トリアージ ･･････････････････････････160
トレース ･･････････ 155, 177, 184

な行

内部開発者プラットフォーム / ポータル ･･･ 71
なりすまし (STRIDE) ･･･ →Spoofing (STRIDE)

は行

パーセンタイル ･･･････････････････････158
バックオフ ･･････････････････････････126
非同期処理 ････････････････････ 91
否認 (STRIDE) ･･････ →Repudiation (STRIDE)
ファンアウト ･････････････････････････112
フィーチャーブランチ ･･････････････ 27
フェーズデプロイ ･･････････････････････131
フェイルオーバー ･･････････ 119, 133
負荷試験 ･･････････････････････････143
プラットフォームエンジニアリング
･･････････････････････ vii, 4, 69
プラットフォームチーム ･･････････････ 68
ブルーグリーンデプロイ ･･･････････････131
分散トレーシング ･･･････････････････175
平均故障時間 ･････････････････････→MTTF
補償トランザクション ･･････････････････106

ま行

マイクロサービス ･･･････････････ 90
マルチリージョン ･･･････････････････122
メトリクス ･･････････ 155, 161, 179, 186
目標復旧時間 ･････････････････････→RTO
目標復旧時点 ･････････････････････→RPO
目標復旧レベル ･･･････････････････→RLO

ら行

リカバリ目標 ･･･････････････････････118
リトライ ･････････････････････････････126
リリースブランチ ･･････････････････ 35
ローリングアップデート ･･･････････ 129, 139
ログ ･･････････････････ 155, 181, 186

わ行

ワンボックスデプロイ ･･････････････････129

著者プロフィール

林政利（はやし まさとし）

アマゾン ウェブ サービス ジャパン合同会社 サービススペシャリスト統括本部 アプリケーション開発技術本部 コンテナスペシャリスト

フリーランスやWeb業界でサービス開発やプラットフォーム構築に携わり、ソフトウェアベンダーでコンテナ製品のスペシャリストおよびサポート業務に従事したのち、2019年にAWSに入社。コンテナ技術を中心にお客様のモダナイゼーション支援や情報発信に取り組む。普段は家族とキャンピングカーでちょこちょこ旅に出ています。

根本裕規（ねもと ゆうき）

アマゾン ウェブ サービス ジャパン合同会社 技術統括本部 フィナンシャルサービスインダストリ技術本部 シニアソリューションアーキテクト

AWSにて金融業界のお客様を担当するソリューションアーキテクト。これまでモダナイゼーションのスペシャリストとして、または政府機関、特殊会社、教育業界の担当として、スタートアップからエンタープライズ企業、行政機関まで多くのお客様をソリューションアーキテクトとして支援してきた。過去には損害保険グループにてアプリケーション開発・企画や、非常勤国家公務員としてのエンジニア経歴を持つ。オフロードバイクを趣味とし週末はもっぱら練習に勤しんでいる。

吉澤稔（よしざわ みのる）

アマゾン ウェブ サービス ジャパン合同会社 技術統括本部 フィナンシャルサービスインダストリ技術本部 シニアソリューションアーキテクト

学生時代はクラシックピアノを専攻し音楽家を志す一方、趣味が高じてIT業界に足を踏み入れる。その後は金融系SIerにてシステム開発や運用の経験を経て、2021年にAWSに入社。現在は日本の金融機関をお客様としたソリューションアーキテクトとして活動中。インターネット老人会所属。

カバーデザイン	トップスタジオデザイン室（轟木 亜紀子）
本文設計	マップス　石田 昌治
DTP	酒徳 葉子（技術評論社）
編集	村下 昇平

■お問い合わせについて

本書の内容に関するご質問につきましては、下記の宛先までFAXまたは書面にてお送りいただくか、弊社ホームページの該当書籍コーナーからお願いいたします。お電話によるご質問、および本書に記載されている内容以外のご質問には、いっさいお答えできません。あらかじめご了承ください。

また、ご質問の際には「書籍名」と「該当ページ番号」、「お客様のパソコンなどの動作環境」、「お名前とご連絡先」を明記してください。

お問い合わせ先
〒162-0846　東京都新宿区市谷左内町21-13
株式会社技術評論社　第5編集部
「AWSクラウドネイティブデザインパターン」質問係
FAX：03-3513-6173

● 技術評論社Webサイト
https://gihyo.jp/book/2024/978-4-297-14337-4

お送りいただきましたご質問には、できる限り迅速にお答えするよう努力しておりますが、ご質問の内容によってはお答えするまでに、お時間をいただくこともございます。回答の期日をご指定いただいても、ご希望にお応えできかねる場合もありますので、あらかじめご了承ください。

なお、ご質問の際に記載いただいた個人情報は質問の返答以外の目的には使用いたしません。また、質問の返答後は速やかに破棄させていただきます。

AWSクラウドネイティブデザインパターン
（エーダブリューエス）

2024年 8月 31日　初版　第1刷発行

著　者	林　政利、根本　裕規、吉澤　稔 （はやし まさとし、ねもと ゆうき、よしざわ みのる）
発行者	片岡　巌
発行所	株式会社技術評論社 東京都新宿区市谷左内町21-13 電話　03-3513-6150　販売促進部 　　　03-3513-6177　第 5 編集部
印刷／製本	昭和情報プロセス株式会社

定価はカバーに表示してあります。
本の一部または全部を著作権法の定める範囲を越え、無断で複写、複製、転載、あるいはファイルに落とすことを禁じます。

©2024　アマゾン ウェブ サービス ジャパン合同会社

造本には細心の注意を払っておりますが、万一、乱丁（ページの乱れ）や落丁（ページの抜け）がございましたら、小社販売促進部までお送りください。送料小社負担にてお取り替えいたします。

ISBN978-4-297-14337-4　C3055
Printed in Japan